Alain Pelosato

I0393506

Le Rhône

Table des matières

"... je descendis (...) le Rhône au cours tourmenté et sinueux."
Mary Shelley
Frankenstein (1817)

1) Le Rhône, fleuve des montagnes et des glaciers

Le Rhône prend sa source d'un glacier dans les Alpes suisses, le glacier de la Furka. Il coule pendant 812 kilomètres avant d'atteindre la mer, dont 522 en France. Avant de rejoindre notre pays il rentre dans le lac Léman, dans lequel il se perd par un beau delta. Le lac restitue de son eau pour recréer le Rhône à Genève. A son arrivée dans la mer, ce fleuve, à lui-seul, représente plus du sixième des apports fluviaux à la Méditerranée.

Lorsqu'on se trouve à Gletsch, premier village que le fleuve rencontre, on regarde le Rhône couler dans sa première vallée glaciaire, car, encore au siècle dernier, le glacier de la Furka arrivait jusqu'ici. Aujourd'hui, on l'aperçoit en haut de la montagne qui nous fait face et sur laquelle serpente la route du col qui, au-delà du Saint-Gothard, mène en Italie. De cette glace bleutée salie par le vent coulent de nombreux ruisseaux et cascades qui forment les premiers pas du fleuve. Passé le village de Gletsch, il tombe dans une gorge à la pente abrupte, aride et austère. Déjà de nombreux petits affluents vont alimenter son cours.

Nous sommes dans le Haut-Valais de langue allemande, et ici, on appelle le fleuve Rotten. Jusqu'à Brigue, lieu de passage de l'allemand au français, il coule ainsi alternativement en gorges pleines de cascades et de bassins creusés par les glaciers que les spécialistes appellent ombilics. Il coule ensuite dans une plaine, dans la même direction qu'il change seulement à Martigny par un coude serré. En tranchant une gorge étroite dans les couches sédimentaires des Alpes, il constitue alors le défilé de Saint-Maurice, avant de retrouver la plaine qu'il a édifiée en entrant dans le lac Léman.

Le Valais montre déjà à l'évidence les deux qualités que le Rhône conservera jusqu'à son embouchure: un fleuve de lumière, car le Valais profite d'un merveilleux microclimat qui l'ensoleille toute l'année, et un fleuve de montagne, car il est entouré de magnifiques massifs que le soleil couchant éclaire en dents acérées. Nous sommes déjà dans le midi avec ce soleil. La forêt de Finges, située en Moyen-Valais, en témoigne. Traversée par un Rhône resté sauvage, elle est composée de pins, amandiers, chênes pubescents, figues de Barbarie... La Provence de la Suisse. Et puis, il y a la vigne importée ici aussi par les Romains. Toutes les pentes ensoleillées de la montagne sont couvertes de vignes. Plusieurs cépages existent: pour le vin blanc, le chasselas qui produit le fendant et le sylvaner qui produit le rhin, pour le vin rouge, le pinot noir et le gamay qui produisent le dôle et le goron. Le Rhône sera désormais toujours accompagné de la vigne, en Savoie et dans l'Ain, dans le Rhône, la Loire et la Drôme, l'Ardèche et le Vaucluse...

Le Léman n'est pas du tout une excroissance du fleuve. C'est un lac dont l'eau et ce qu'elle contient rend cet organisme complètement différent du Rhône, si bien que le Léman ressource le fleuve à Genève. Là, il profite de la saignée creusée par les glaciers et le fleuve sous-glaciaire würmien pour couler, jusqu'à Seyssel, dans des défilés grandioses et clairs de falaises calcaires. C'est avant Bellegarde qu'il se cachait autrefois dans les fameuses pertes du Rhône, aujourd'hui noyées dans la retenue de Génissiat. Il vient alors de passer le beau défilé de l'écluse gardé par le Fort-de-l'écluse.

A Seyssel, il change de physionomie pour couler dans les plaines laissées par les glaciers des époques géologiques, sauf à creuser le défilé de Pierre-Châtel, à côté de La Balme. Il est passé alors dans la vaste plaine de Chautagne et de Lavours, juste à côté du lac du Bourget, avec lequel il est encore relié par le canal de Savières. Cette configuration donne lieu à une curiosité hydrologique: l'écoulement de l'eau dans ce canal est alternée selon que le Rhône en crue coule vers le lac du Bourget, ou selon que ce dernier coule dans le fleuve à l'étiage. On croit savoir que le fleuve pré-quaternaire empruntait le val du Bourget et la cluse de Chambéry, la glaciation alpine ayant imposé un changement de tracé. Quoiqu'il en soit, le lac du Bourget et la Chautagne se sont rehaussés de presque six mètres depuis le Néolithique et cette montée du sol a isolé les marais de Lavours et de Chautagne.

De Sault-Brénaz à Lyon, le fleuve coule entre le Bugey et l'Île-Crémieu avant d'aborder la plaine de l'Ain, après le confluent avec cette rivière.

A Lyon, il aborde un nouveau paysage, celui de l'axe Saône-Rhône qui se dessine de la Lorraine à la Méditerranée. Il se dirige alors vers le sud dans une succession de défilés (Tournon, Saint-Vallier, Donzère) et de plaines, sillon alternativement creusé et comblé par les alluvions, occupé par la mer et les glaces. Dans les ères géologiques, la vallée du Rhône a toujours connu la mer ou les glaciers.

Ce paysage typique, la ria rhodanienne, confère au Rhône cette magie qui suscite l'imagination. Elle a produit nombre d'histoires et de légendes, alimentées par l'activité des hommes qui ont largement utilisé cette vallée depuis la nuit des temps.

Nous verrons comment l'aggravation des crues au Moyen Âge a fait passer le fleuve d'une physionomie à un seul chenal (en méandres) à une physionomie en tresses. L'Arve, l'Isère, la Durance, l'Ardèche, le Gard et bien d'autres affluents apportaient une importante charge caillouteuse dans l'axe fluvial au moment des grandes crues. Seule la pente importante de ce fleuve-torrent lui a permis de trouver sa réponse en multipliant les bras et les îles. Aujourd'hui, il est de nouveau extrêmement simplifié par les aménagements de l'Homme.

Le fleuve quitte la montagne seulement lorsqu'il devient un grand delta qui le sépare en plusieurs bras, aujourd'hui simplifiés en Grand-Rhône et Petit-Rhône, mais autrefois multiples, pour rejoindre la mer sur un fond caillouteux, amené ici, selon les légendes, par Héraclès dans un de ses combats de titan, en réalité par les fleuves eux-mêmes, le Rhône et la Durance, dont il reste un vaste témoignage: la plaine de la Crau. Puis, le fleuve a lutté contre la mer, a occupé le terrain, avancé en accumulant une épaisse couche de sédiments sur ces galets. La Camargue est ainsi lieu de conflit permanent entre le fleuve et la mer, l'eau et le sel, le fleuve, la mer et les hommes.

HYDROLOGIE DU RHÔNE
(en mètres cube par seconde)

	Genissiat	Lyon	Valence	Avignon	Viviers	Beaucaire
Débits moyens annuels modules	360	599	1414	1493	1605	1691
Débits d'étiage (10 jours par an)	141	215	180	506	540	536
Crue décennale	1540	3150	5670	5500	7200	8200
Crue millénaire	2610	5440	9570	9000	12600	13820

Le Rhône, fleuve de montagne, possède un régime hydrologique complet puisqu'il lui permet de remplir toujours son lit d'une énorme quantité d'eau.

En amont, il bénéficie d'une tendance glaciaire, car le Rhône et nombre de ses affluents sont alimentés par la fonte des glaces qui leur donne de forts débits en juillet et août dans les hautes vallées; plus bas, de mars à juin, la fonte des neiges alpines et jurassiques soutient son débit de fleuve à tendance nivale.

La tendance pluviale marque le sillon Saône-Rhône, avec les pluies océaniques au nord et méditerranéennes au sud. La Saône, grand affluent, complète les débits par son régime pluvial océanique, corrigé par le régime pluvionival du Doubs.

Ainsi, à son embouchure, le Rhône possède un débit moyen deux fois plus important que la Loire et trois fois plus important que la Seine.

Fleuve-torrent, le Rhône, telle une bête sauvage, résista longtemps au dressage des hommes qui ont toujours voulu le domestiquer...

«Une terrible aventure, quand on y pense!
Nous nous précipitons à travers les
ténèbres, avec ce froid du fleuve qui semble
nous envelopper pour mieux nous
frapper.»
Bram Stoker
Dracula (1897)

2) **Le fleuve dompté ?**

FLEUVE FRONTIERE

Les mariniers utilisaient deux mots étranges pour désigner la rive droite ou la rive gauche. à l'avant du bateau, le *pan* en main, le pilote sondait le fond et annonçait, parfois d'une voix impérative, au patron qui tenait le gouvernail:
- Pique au Riaume!
Ou bien:
- Pique à l'Empi!
Quelle est la signification de ces termes? Comme l'explique si bien Gabriel Gerin dans son roman *Mariniers du Rhône*, au onzième siècle, les états de Rodolphe III, dernier souverain de Bourgogne, étant passés sous la suzeraineté des empereurs d'Allemagne au détriment de la couronne de France, le Rhône devint la limite naturelle entre le royaume de France et l'empire d'Allemagne. D'où les termes de *Riaume* (le royaume) et d'*Empi* (l'empire) pour désigner les rives droite et gauche du fleuve. Ces termes de mariniers étaient utilisés jusqu'au moment de la navigation à vapeur...
Au dix-huitième siècle, en amont, le fleuve fut frontière entre la Savoie (Royaume de Piémont-Sardaigne) et la France. Les deux forts de l'Ecluse, juste après la Suisse, témoignent encore de leur ancienne fonction militaire de gardiens de la frontière. Le plus ancien, le plus près du fleuve, ancienne forteresse des ducs de Savoie, rebâti par Vauban sous Louis XIV, détruit par les Autrichiens en 1814, fut repris par les troupes françaises qui firent ébouler sur lui des quartiers de roc qui l'écrasèrent. Il a été reconstruit en 1824. Le second, plus moderne, se dresse plus haut sur un éperon rocheux. Ces deux fantastiques forteresses qui communiquent entre elles par des galeries et escaliers, semblent

suspendues au-dessus de l'abîme. Dans ce secteur, le fleuve a creusé sa vallée en forme de canyon, un sillon profond dans le massif de craie, stabilisant ainsi une frontière naturelle. En 1860, après sa guerre victorieuse contre l'Autriche avec l'appui de la France, le royaume Sarde lui céda la Savoie (ainsi que Nice). Le nouveau royaume d'Italie est proclamé en 1861. Il recouvre l'Italie actuelle, sans la Vénétie et sans les Etats de l'Eglise autour de Rome, acquis respectivement en 1866 et 1870.

Les Romains ont largement utilisé la vallée du Rhône comme moyen de communication. La province romaine de Gallia Narbonensis s'étendait sur toute la vallée du Rhône du Valais suisse à Narbonne; sa capitale était Vienne, au bord du Rhône. Le fleuve n'était pas frontière, le vieux pont romain de Vienne dont les ruines subsistèrent jusqu'au siècle dernier en a longtemps témoigné. D'ailleurs, cette fonction de pénétration du fleuve dans les terres subsiste jusqu'à nos jours.

Le bas Moyen Âge considérait que le royaume du traité de Verdun (843) était limité par les «quatre fleuves»: le Rhône, la Saône, l'Escaut et la Meuse. La France est aussi connue comme un beau jardin dont partent les quatre fleuves qui irriguent le monde. Mais ce jardin est plus une représentation idéale qu'une réalité géographique. La vallée du Rhône constituait néanmoins un royaume en soi. Et lorsque l'histoire y plaça la frontière entre le royaume de France et l'empire d'Allemagne, ce dernier incluait la vallée dans son territoire. Plus au nord, la frontière était constituée par la Saône.

Mais l'Empire délaissait ces terres situées à ses confins. Les archevêques y apparaissaient alors comme les vrais détenteurs du pouvoir seigneurial. Toute l'histoire de la ville de Lyon en témoigne. Les querelles de pouvoir entre le Sacerdoce et l'Empire ont facilité les avancées diplomatiques du roi de France en direction des grandes seigneuries épiscopales de la vallée du Rhône dans sa partie moyenne. Ainsi l'Empire reculait au profit du Royaume. En 1312, l'archevêque cède au roi la souveraineté du Lyonnais; en 1349, le Dauphiné est cédé au fils du roi de France. En 1477, après la défaite et la mort de Charles le Téméraire devant Nancy, Louis XI adjoint la Bourgogne au royaume de France, en 1480, acquiert la Provence sur la maison d'Anjou. Voilà donc l'axe Rhône-Saône inclus dans le pays de France. Le Haut-Rhône reste dans le Duché de Savoie.

On le voit, le fleuve ne constituait pas vraiment une frontière, mais plutôt un pays limitrophe d'un empire ou d'un royaume.

Malgré tout, la réalité reste bien plus complexe, car aujourd'hui encore, le milieu du lit constitue une frontière administrative entre les départements et les communes. L'entité économique et culturelle du fleuve est donc coupée longitudinalement par son lit mineur. Pourtant, les riverains, qu'ils soient de l'Empi ou du Riaume ont tous la même culture, la même tradition fluviale héritière de l'unité que leur a toujours apportée le fleuve grâce aux transports fluviaux, aux richesses (pêche, chasse, agriculture) et aux traditions folkloriques (joutes nautiques, légendes). N'oublions pas que la batellerie rhodanienne utilisait l'eau du fleuve, bien sûr, mais aussi ses berges, car la remonte de ce fleuve puissant et impétueux ne pouvait se faire à la force du vent (comme c'était le cas sur la Loire) mais à la force des muscles des chevaux et des hommes sur les chemins de halage. La batellerie a toujours occupé à la fois le lit du fleuve et ses deux berges.

En fin de compte, cette contradiction de l'histoire du fleuve qui unit et divise ses riverains, n'est-elle pas la définition même de la frontière qui sépare, soit! mais qui, en le faisant, unit également, dans une même réalité contradictoire les «riverains» de cette frontière?

SE PROTEGER DU FLEUVE

Les agressions du fleuve, inondations, variations du lit mineur, ont contribué à cette union-division des riverains. Lorsque la batellerie prit son essor, les habitants de la vallée s'approchèrent du fleuve pour mieux profiter de ses avantages économiques. Cette proximité n'exista pas toujours. Au départ, les gens s'installaient sur les hauteurs comme ce fut le cas à Lyon sur la colline de Fourvière. Mais, en plusieurs passages, le lit majeur du fleuve seul permettait aux routes de passer. La plupart des aménagements précoces eurent pour but de protéger ou de créer ces voies de communication. Ils se poursuivirent bien sûr jusqu'à l'époque du chemin de fer.

Les gens d'une rive se plaignaient que des digues installées sur la rive d'en face repoussaient le flux vers eux. Ainsi, au dix-neuvième siècle, à Givors, ville de la rive droite d'un coude prononcé du fleuve, les habitants demandèrent souvent des travaux pour protéger leur ville des fréquentes inondations. Par exemple, selon les Givordins, il fallait détruire une digue en amont, sur la rive gauche, construite pour protéger le pont de chemin de fer. Or, après la grande crue de 1856, la compagnie PLM avait fait rehausser cette digue. Givors est ainsi encore plus inondée, d'autant plus que de nombreux épis construits en aval du pont, pour la navigation cette fois, accumulent sables et graviers qui repoussent l'eau sur la petite ville d'en face.

Le lit du fleuve, avec ses îles, ses lônes poissonneuses, ses berges couvertes de roseaux et de vorgines, constituait un terrain productif pour les

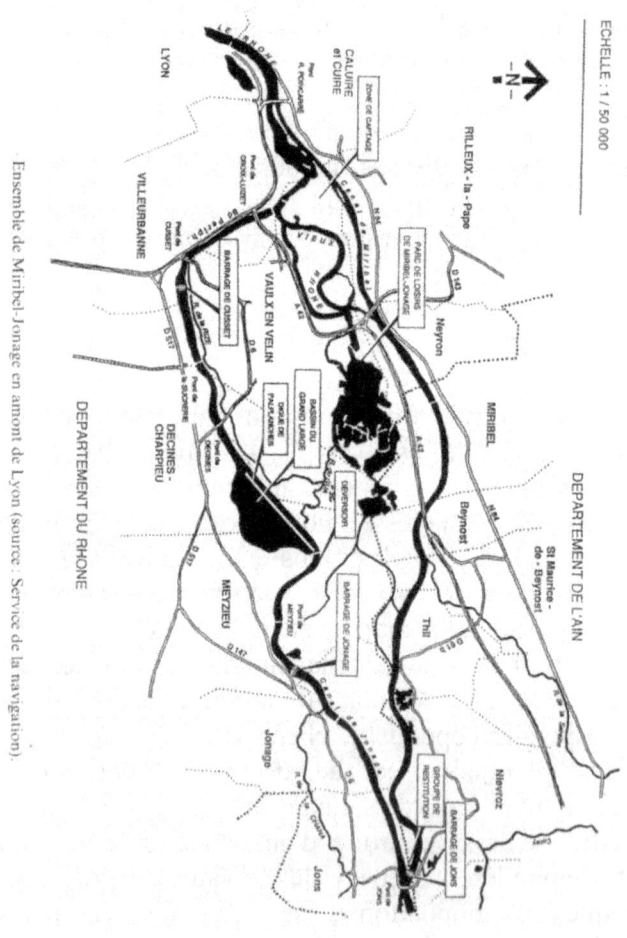

Ensemble de Miribel-Jonage en amont de Lyon (source : Service de la navigation).

gens du fleuve. Ils y pêchaient, fauchaient de la nourriture pour les animaux, y coupaient du bois de chauffe. Les techniques n'existaient pas pour construire des digues solides face à un fleuve aussi tumultueux. Les rares tentatives montraient qu'une digue repoussait le courant et ses dégâts sur l'autre rive. Pendant des siècles, on laissa faire librement le fleuve. On n'aménagea que les ports et les rives soutenant les chemins menant aux très rares ponts. Gilbert Tournier, dans son livre *«Rhône, Dieu conquis»*, fait remonter au douzième siècle les premiers endiguements du bas Rhône. Mais ces constructions fragiles ne pouvaient que rester locales, donc sans grand effet de protection. Au dix-huitième siècle et jusqu'en 1840, date d'une grande crue, on a construit quelques digues insubmersibles pour limiter les effets des inondations et des revêtements de berges et éperons pour lutter contre l'érosion des rives.

Sur le haut Rhône, d'abord.

A la fin du dix-huitième siècle, un aménagement fixa le confluent du Rhône et du Guiers. Sur la rive droite, en Savoie, au royaume des Victor-Emmanuel, la digue de Chautagne fut construite au début du siècle et la digue de Picollet, élevée dans les années 1774-1783, fut prolongée par les Français en 1792. La digue de Palliod fut terminée en 1848, le roi Victor-Emmanuel III voulant s'attirer le soutien des populations du secteur en préservant leurs terres des plus grosses inondations. Côté Français, on utilisa le développement des voies de communication pour créer de nouvelles protections: la voie ferrée Culoz-Bellegarde (1853-1857) et la route royale Valence-Genève entre Rochefort et Culoz (1841-1845) servirent en même temps de digues insubmersibles. Plus en amont, à Seyssel (il y a un Seyssel rive droite dans l'Ain et un Seyssel rive gauche en Savoie), en 1844, on construisit de puissants quais pour préserver les routes et faciliter les communications. Ce qui déclencha les protestations des habitants de Seyssel-Savoie qui craignaient que leurs vins ne soient concurrencés par ceux de Chautagne...

à Lyon, le premier problème posé fut celui de fixer le lit du fleuve. Jusqu'au douzième siècle, le Rhône coulait au pied des balmes dauphinoises, bien plus à l'est. Au dix-huitième siècle, alors qu'il coulait au pied de la Croix-Rousse, les Lyonnais craignaient qu'il ne retrouvât ce chemin. L'unique pont traversant le cours d'eau n'aurait alors enjambé que des bancs de graviers. D'ailleurs, les crues semblaient reconquérir petit à petit l'ancien chenal. Or, les vastes domaines agricoles de l'est appartenaient aux Hospices Civils de Lyon. Il fallait donc les défendre contre le fleuve. Après la crue de 1714, les autorités construisirent la digue de la Tête-d'Or (1759-1769), et quelques années plus tard (1772-1774), la digue des Brotteaux. Elles exercèrent bien leur fonction de fixer le lit du fleuve, mais pas celle de protéger les rives contre les crues. La ville se répandait de plus en plus à l'est, se croyant à l'abri des digues. Après la crue de 1812, d'autres travaux apparurent nécessaires. Cette année-là vit la construction d'une route insubmersible à La Guillotière (rive gauche). Mais, à l'amont, les Villeurbannais protestèrent, la crue, contenue à l'aval, risquait de les envahir en amont. Il fallait donc protéger toute la rive gauche du Rhône, de Vaulx-en-Velin à l'amont, à La Guillotière à l'aval. En tenant compte des hauteurs d'eau de la crue de 1812, cela fut réalisé par la construction d'une digue en terre de cinq mètres de haut complétant le dispositif existant. Un autre intérêt de ces grands travaux, était d'occuper les ouvriers au chômage. Mais, le fleuve ne se contient pas aussi facilement. En rétrécissant le champ d'expansion des crues on faisait monter le niveau de l'eau. Ainsi, la digue en terre des Brotteaux ne résista pas à la grande crue du 31 octobre 1840. Elle céda à deux heures du matin sur un tronçon qui avait déjà été déplacé dans le passé. Et malgré les dégâts matériels importants, il fallut attendre encore longtemps avant que ne fussent réalisés les investissements lourds nécessaires pour réaliser de grandes digues insubmersibles.

En mai 1856, une autre grande crue survint. à une heure du matin, la digue en terre de la Tête-d'Or céda alors qu'elle avait été relevée de cinquante centimètres au-dessus de la crue de 1840.

Que faire alors?

L'idée de creuser un canal de dérivation, un moment avancée, fut vite abandonnée. Les grandes digues insubmersibles furent construites et terminées en 1859. D'autre part, la loi du 25 mai 1858, promulguée deux ans après la crue de 1856, interdit toute modification des réservoirs naturels d'expansion des crues situés à l'amont des agglomérations comme Paris et Lyon. Les Ponts et Chaussées s'interdirent tout aménagement du Haut-Rhône au nom de l'intérêt général. La seule exception, justifiée par un phénomène de «basculement hydraulique» dû à la présence du nouveau canal de Miribel, fut Vaulx-en-Velin, à l'amont immédiat de Lyon.

Ce n'est qu'après la grande crue de 1840 que fut créé le Service du Rhône qui eut la charge, d'abord d'assurer le maintien de la navigation et ensuite de protéger les riverains. Il construisit de nombreuses digues hautes et discontinues dont on voit encore parfois les restes, digues qui s'abaissaient vers l'aval, laissant la crue envahir doucement les terres en remontant vers l'amont. En vingt années, entre 1860 et 1880, deux cent quatre-vingts kilomètres de digues furent élevées de Lyon à Beaucaire et trois cents kilomètres à l'aval de cette ville. Cette grande œuvre comprenait également l'endiguement complet de la Camargue. Paradoxalement, ces constructions n'améliorèrent aucunement la navigation, le fleuve continuant à divaguer entre ces digues en laissant de nombreuses îles. Mais elles protégèrent efficacement les riverains leur offrant, en prime, de nouvelles terres cultivables durant de nombreux mois de l'année. Certaines digues de cette époque subsistent encore de nos jours. De propriété privée (souvent, ce sont des syndicats agricoles qui les possèdent), elles ne sont pas toujours entretenues, et récemment, avec les grandes crues de l'automne 1993 et de janvier 1994, certaines d'entre elles ont cédé. Il faut trouver des financements pour leur réparation.

Le Rhône suisse fut aussi aménagé. Sur de nombreux kilomètres, il présente aujourd'hui un lit rectiligne, car rectifié par les hommes. Avant ces aménagements, la population du Valais était en mauvaise santé, les crues fréquentes du Rhône laissaient un lit majeur très humide, foyer de paludisme. En 1860, une très grande crue inonda le fond de la vallée sur toute sa largeur. Elle emporta vingt ponts sur vingt et un. Les agglomérations, construites sur les hauteurs, ne furent pas touchées. Le jeune Etat confédéré décida alors de financer les deux cents kilomètres de digues et de canaux que nécessite la rectification du fleuve. Ces travaux furent réalisés de 1863 à 1875. à partir de ce moment, l'agriculture fut possible. Aujourd'hui, la vallée est riche sur le plan agricole avec ses arbres fruitiers, vignes et cultures maraîchères. L'appareillage comprenait trois installations: des digues pour fixer le lit, faites de pieux et de pierres sèches et, en longueur, à vingt-cinq mètres de distance, une seconde levée contenait les hautes eaux. Dans le lit, des épis brisaient le courant. On avait espéré que le lit se colmate entre les épis, mais cela n'a pas fonctionné. Cette correction du fleuve n'a jamais servi à produire du courant. Un seul aménagement sur le fleuve, la centrale au fil de l'eau de Lavey, en aval de Martigny, produit de l'électricité. Or, un tiers de l'énergie hydroélectrique de la Suisse provient du Valais, pas du fleuve, mais des gigantesques aménagements dans les vallées latérales méridionales: Mattmark, La Grande Discence et Mauvoisin. Le Valais est le château d'eau de la Suisse.

A partir de 1840, en aval du Léman, un autre problème préoccupait nos ingénieurs: assurer à la navigation un chenal régulier d'une profondeur minimale d'un mètre soixante, avec l'apparition de la navigation à vapeur. Les travaux les plus importants eurent lieu sur le Bas-Rhône, de Lyon à la mer, bien plus navigué que le Haut-Rhône.

Pour cela, il faut concentrer les eaux pour que le courant creuse les hauts-fonds encombrant le lit. On commence à le faire le long de digues insubmersibles. Mais, rapidement, le fleuve creuse son lit trop profond, affaissant les ouvrages. Puis, on développe les techniques des digues submersibles: au moment des hautes eaux, le courant n'est plus concentré et le fleuve peut s'épandre plus largement en devenant moins agressif.

Mais, avec ces aménagements, le Rhône creuse trop son chenal entraînant une instabilité des fonds. L'ingénieur en chef Jacquet constata que les digues n'ont fait que déplacer les hauts-fonds, malgré le soin apporté à leur tracé, et certains d'entre eux ont été rendus encore plus saillants par le développement de profondes mouilles fixées le long des digues submersibles.

Il fallut alors contrecarrer ces tendances.

On resserra les digues en les rendant un peu plus submersibles afin qu'elles laissent passer les eaux moyennes. Ces nouvelles digues, lorsqu'elles étaient installées devant les anciennes, étaient reliées à celles-ci par des tenons afin d'éviter tout affouillement entre elles. En utilisant une technique allemande, on fit remplir les mouilles de sédiments par le courant lui-même en créant des chambres de dépôts par la construction d'épis noyés disposés perpendiculairement à l'axe du courant.

Enfin, la loi du 13 mai 1878 déclarant d'utilité publique les travaux d'amélioration du Rhône entre Lyon et la mer, provoqua un développement important des travaux et surtout leur coordination tout au long du Bas-Rhône. à partir de 1884, l'ingénieur Girardon acheva l'oeuvre d'aménagement à courant libre du fleuve, puis son successeur Armand jusqu'en 1920.

Sa technique devait atteindre trois objectifs:

1) Réunir toutes les eaux dans le lit mineur par la fermeture des bras secondaires, tout en laissant s'écouler les eaux moyennes et hautes.

2) Fixer la position des mouilles près des rives concaves en n'endiguant pas les rives convexes qui doivent présenter une plage en pente douce. Elles existent à l'état naturel, mais on peut les consolider par des épis noyés.

3) Régler l'orientation des seuils qui doivent être parallèles au sens du courant par un appareillage très étudié d'épis noyés.

Le résultat fut très bon. En 1878, le mouillage minimum était inférieur à cinquante centimètres sur cinq seuils, en 1882 à quatre - vingts centimètres, en 1890, le mouillage minimum était de cent vingt centimètres. Le nombre de seuils dont la profondeur est inférieure à un mètre soixante passe de 87 % en 1882 à 29 % en 1888 et à 4 % en 1930 sur l'ensemble du bas Rhône. Le nombre de jours navigables passe de 271 jours par an, en moyenne pour la période 1853 à 1877, à 347 jours par an pour la période 1886 à 1907. Ces constructions humaines, épis, digues, «carrés» ont donné sa physionomie originale au fleuve Rhône. Ses paysages typiques de la fabuleuse épopée des mariniers qu'il garde encore aujourd'hui dans ses parties naturelles. Dans ses tronçons court-circuités actuels, le faible débit laisse apparaître pendant les deux tiers de l'année les épis noyés et plongeants, digues submersibles de ces aménagements. Qu'en était-il du Haut-Rhône? 1848 fut l'année du début du creusement du canal de Miribel, la mairie voulant occuper une centaine d'ouvriers de la soie au chômage. Pour le reste, les projets étaient nombreux mais l'argent manquait. Aussi, les aménagements du Haut-Rhône prirent bien du retard sur ceux du Bas-Rhône. Finalement, le service de la navigation corrigea les trois handicaps de la voie d'eau constituée par le Rhône amont.

1) à Lyon, le vieux pont Morand fut partiellement reconstruit en 1865 par la création de deux arches marinières laissant passer les bateaux.

2) Le passage de Sault (rapides très violents), secteur-clé du Haut-Rhône fit l'objet de nombreuses études et débats techniques. Le premier pont à l'amont de Lyon y fut construit en 1781. Finalement, on choisit la solution du resserrement du fleuve à l'endroit des rapides, resserrement qui se réalisa non sans péripéties, la construction d'une digue rive gauche nécessitant ensuite l'élévation d'un endiguement rive droite (1859). En 1865, le service de la

navigation compléta le dispositif de digues. Mais le resserrement créait un courant très vif. Même les vapeurs devaient utiliser la halage pour le remonter à cet endroit. Vers 1860 fut installé un bateau-toueur fixe dont les roues mises en mouvement par le courant enroulaient un câble de remorque. Plus tard, en 1879, on installa un toueur hydraulique actionné par un courant dérivé. Ce fut l'ingénieur Girardon qui réalisa, entre 1884 et 1890, la dérivation et l'écluse encore visibles aujourd'hui à côté des bureaux de la compagnie nationale du Rhône. Hélas, ce magnifique ouvrage ne sera pas utilisé car, quand il fut terminé, la navigation à vapeur disparut du Haut-Rhône.

3) Le tressage du fleuve rendait la navigation difficile. Il fallait là aussi le chenaliser. On utilisa les mêmes techniques que sur le Bas-Rhône.

En aval immédiat de Lyon, ces aménagements creusant le lit du Rhône, il fallut créer un seuil à l'amont du confluent de la Saône pour maintenir le niveau d'eau suffisant à cette rivière afin que la navigation pût s'y poursuivre. Une écluse permettait de franchir cet obstacle. Ce barrage de La Mulatière fut démoli lors des travaux de l'aménagement de Pierre-Bénite en 1960.

On voit donc les efforts importants d'ingéniosité qu'il fallait mettre en oeuvre pour rendre le fleuve plus accueillant pour la navigation. Bien sûr, ces travaux eurent des opposants. Des débats techniques et économiques eurent lieu. Il y avait déjà, par exemple, les tenants de canaux de dérivation qui critiquaient l'oeuvre de Jacquet et Girardon qui poursuivirent malgré tout leur travail. Ce dernier fut l'auteur d'une théorie générale sur l'aménagement des cours d'eau qui l'amena sur les bords des fleuves allemands et du Danube.

L'évolution des techniques d'enrochement, et notamment la construction des épis noyés, nécessita l'existence de moyens de construction. L'un ne va pas sans l'autre. Ainsi, en 1883, les riverains du Rhône virent naviguer un étrange bateau, très long (soixante-cinq mètres), avec ses deux roues à aubes, une barre franche à commande surélevée à l'arrière, et à l'avant, une construction faisant

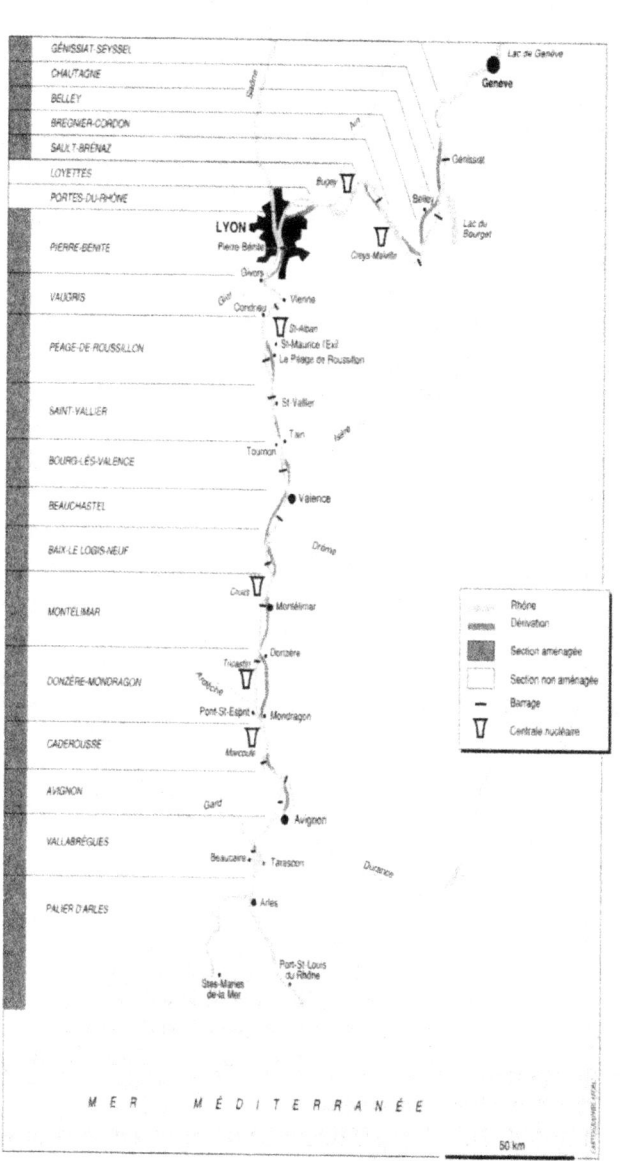

GÉNISSIAT SEYSSEL

CHAUTAGNE

BELLEY

BREGNIER-CORDON

SAULT-BRÉNAZ

LOYETTES

PORTES-DU-RHÔNE

PIERRE-BENITE

VAUGRIS

PEAGE-DE-ROUSSILLON

SAINT-VALLIER

BOURG-LÈS-VALENCE

BEAUCHASTEL

BAIX-LE LOGIS-NEUF

MONTÉLIMAR

DONZÈRE-MONDRAGON

CADEROUSSE

AVIGNON

VALLABRÈGUES

PALIER D'ARLES

Lac de Genève

Genève

Séran

Ain

Génissiat

Bugey

Lac du Bourget

Belley

LYON

Pierre-Bénite

Creys-Malville

Givors

Gier

Condrieu

Vienne

St-Alban

St-Maurice l'Exil

Le Péage de Roussillon

St Vallier

Tain

Isère

Tournon

Valence

Drôme

Cruas

Montélimar

Tricastin

Donzère

Ardèche

Pont-St-Esprit

Mondragon

Marcoule

Gard

Avignon

Beaucaire

Tarascon

Durance

Arles

Port-St-Louis du Rhône

Stes-Maries de-la Mer

Rhône
Dérivation
Section aménagée
Section non aménagée
Barrage
Centrale nucléaire

M E R   M É D I T E R R A N É E

50 km

- Aménagements du Rhône français.

monter et descendre une cloche à plongeur. Ce fut les premières apparitions du bateau-cloche permettant d'assurer des travaux à six mètres de profondeur dans un courant de trois mètres par seconde. Bien plus performant que les cloches à plongeur qui existaient déjà depuis longtemps. Un autre engin, encore plus étonnant, fut la drague à grappin pour l'aménagement du Bas-Rhône. Ce bateau muni d'une drague à godets était propulsé par une grande roue à grosses dents s'accrochant au fond du lit, ce qui lui donnait une grande puissance. Les découvertes aboutissant aux machines à vapeur, si elles furent porteuses de nouvelles exigences de tirant d'eau pour le fleuve, apportèrent également une puissance de travail pour y réaliser les aménagements nécessaires.

Prodigieuse aventure que celle de ces ingénieurs passionnés de rivières qui voulaient les rendre navigables en les respectant et qui surent utiliser un grand défaut du Rhône pour en faire une qualité, en le faisant creuser lui-même son chenal.

Mais, la technique des transports fluviaux devenait de plus en plus exigeante: à partir de 1934, le mouillage nécessaire aux nouveaux navires de commerce passe à 2,10 mètres... Or, l'oeuvre de Girardon ne donnait qu'un minimum d'un mètre soixante... Il fallut passer à une étape suivante. Ce sera l'aménagement moderne du fleuve. Nous avons évoqué les débats concernant la théorie des canaux de dérivation. Charles Lenthéric le fit en citant les promoteurs de cette solution: «En 1847, l'ingénieur Dumont émit le premier l'idée, trop grandiose peut-être pour l'époque, mais à coup sûr d'une conception puissante, d'utiliser les eaux du Rhône dérivées en un point élevé de son cours pour arroser les plaines situées sur la rive droite dans la zone inférieure.» La première fois que l'idée de canal de dérivation fut émise, ce fut pour développer l'irrigation... Ces travaux furent déclarés d'utilité publique par une loi du 20 décembre 1879. Mais, cette sanction resta toute platonique. Des variantes nombreuses furent étudiées ensuite. Au lieu de faire un seul canal de dérivation rive gauche et le faire traverser le Rhône par siphon aux environs de Valence, on eut l'idée de creuser plusieurs canaux successifs rive gauche et rive droite. Finalement, on proposa une solution morcelée de nombreux canaux de dérivation pouvant être construits de manière indépendante...

Mais finalement, c'est à la navigation que se prêtera mieux la construction de canaux de dérivation.

L'AMENAGEMENT MODERNE DU RHONE.

Fin 1919, le sénateur de l'Isère Léon Perrier dépose à l'Assemblée nationale un projet de loi afin d'équiper le Rhône pour la navigation, l'agriculture et l'hydroélectricité. Cette loi est votée le 27 mai 1921. Dès l'origine, elle prévoit une liaison par canal entre le Rhin et le Rhône, et le transport par ligne à haute tension du courant produit à Génissiat. Ce n'est qu'en 1931 qu'est publié le règlement d'application de cette loi. Il fallait créer une société d'économie mixte comprenant quatre catégories d'actionnaires: le département de la Seine qui avait bien besoin d'électricité, les collectivités locales avec les chambres de commerce et d'industrie et les chambres d'agriculture, la compagnie de chemin de fer PLM, les sociétés productrices et distributrices du courant. La compagnie nationale du Rhône, la C.N.R. fut ainsi constituée en 1933 et présidée par le ministre des travaux publics (E. Daladier). Elle obtint la concession des travaux et de l'exploitation des aménagements ultérieurs. Le premier chantier, celui de Génissiat, commence en 1938.

Après la guerre, le P.C.F., avec le ministre de l'énergie Marcel Paul, préconise le monopole d'EDF pour l'aménagement du Rhône. Cette position est soutenue par les cadres de l'EDF. Mais la S.F.I.O. est contre et Edouard Herriot défend la C.N.R. dont le siège est à Lyon. Finalement, alors que les ministres communistes sont évincés du gouvernement, la C.N.R. reste une société d'économie mixte (S.E.M.). Mais quelle drôle de S.E.M. qui ne comprend pratiquement pas d'entreprise privée, puisque les actionnaires privés sont nationalisés: la compagnie de chemin de fer PLM est devenue S.N.C.F. et les sociétés productrices et distributrices de courant sont devenues l'EDF.

L'oeuvre accomplie par la C.N.R. est énorme, et sans aucune aide de l'Etat, avec une production d'énergie d'une puissance de 3083 MW et une productibilité de 16 742 GWh/an! Un ensemble de 463 kilomètres d'aménagements comprend 106 kilomètres de canaux de dérivation, 22 usines productrices d'électricité (avec 102 groupes turboalternateurs), 17 écluses, 27 barrages «mobiles». Le Rhône est transformé de fond en comble! De nouveaux paysages, de nouvelles pratiques, de nouveaux rapports entre le fleuve et les riverains se créent... Des zones autrefois

AMÉNAGEMENT HYDROÉLECTRIQUE DE LA VALLÉE DU RHÔNE

SCHÉMA SYNTHÉTIQUE

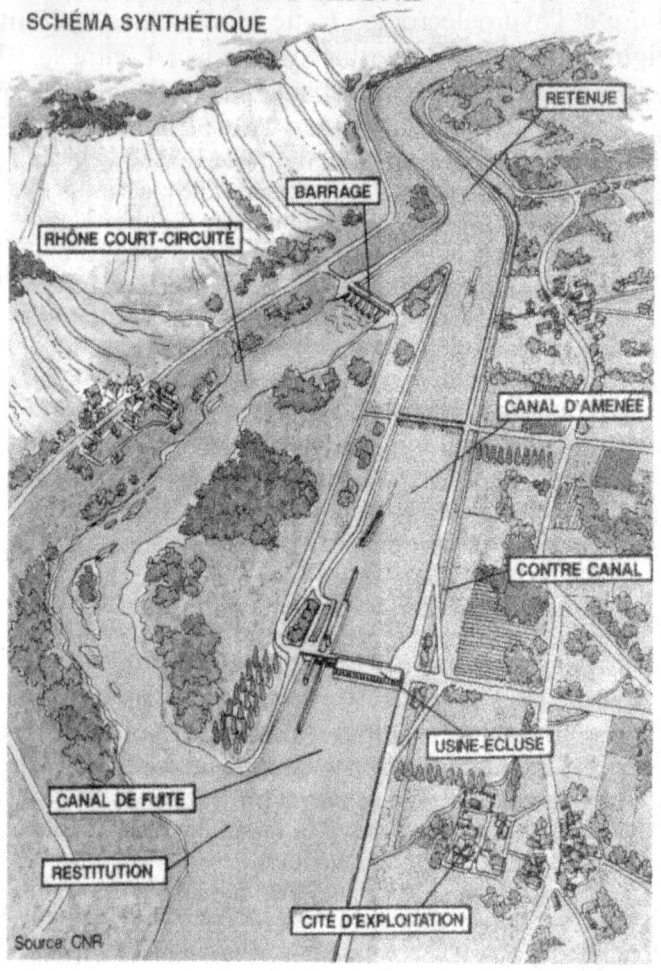

Plan d'ensemble de l'aménagement
de la Compagnie nationale du Rhône (source : CNR).

inondables et inondées régulièrement ont été extraites de l'emprise du fleuve et transformées en zones industrielles et portuaires; bien que la lutte contre les inondations n'entre pas dans le cahier des charges de la C.N.R., les villes ont été envahies plus rarement par les eaux (cela se produit encore pour de plus grandes crues); le tirant d'eau permet aux convois poussés puissants de naviguer de Lyon à la mer; les réserves d'eau de ce grand fleuve, bien gérées, permettent l'irrigation et l'adduction d'eau potable.

Pour mieux comprendre cette oeuvre d'ensemble, descendons le fleuve du lac Léman à la Méditerranée.

Les Suisses ont également voulu profiter de la prodigieuse puissance du Rhône. Ils ont construit, en aval de Genève, le barrage de Verbois, sur le lac de retenue duquel de magnifiques promenades en bateau sont offertes aux touristes, et, en collaboration avec les Français, celui de Chancy-Pougny. L'histoire de la gestion des débits fluviaux de cette région frontalière est bien complexe. L'installation d'un barrage puis de machines hydrauliques à la sortie du lac, à Genève, a conduit à rehausser le niveau de son eau à partir du dix-huitième siècle. Les Suisses commencèrent alors à maîtriser l'émissaire du lac. Lorsqu'ils installèrent une turbine, cette eau déjà précieuse le devint encore plus, car elle servait, en produisant de l'électricité, à éclairer Genève. Ainsi, la réglementation suisse a toujours défavorisé la batellerie rhodanienne, particulièrement en n'assurant pas un débit d'étiage suffisant à la fin de l'été et au début de l'automne. La fin du siècle dernier et le début de celui-ci ont vu la mise en chantier de nombreux ouvrages de production hydraulique: barrages de Bellegarde-sur-Valserine (1874), aujourd'hui noyés dans la retenue de Génissiat (1948), Chèvres-Verbois (1896), en Suisse, aujourd'hui noyé dans la retenue de Verbois (1943) et Chancy-Pougny (1924) qui existe toujours. Les installations de Bellegarde, propriété d'une compagnie anglaise, fournissait l'énergie à un véritable petit complexe industriel. Il fallait donc gérer tous ces débits en fonction de l'intérêt de chacun. Ce qui ne se fit pas sans mal et sans nombreuses et laborieuses négociations. Le barrage et la turbine actuels de Coulouvrenière commandent ainsi le débit d'eau fourni au fleuve. Ce débit sortant du lac est tributaire du débit entrant, lui-même variant avec les débits réglés par les ouvrages des énormes réservoirs du Valais Suisse comprenant, en tout, pas loin d'un milliard de mètres cube d'eau!

Mais poursuivons notre voyage. Après les barrages de Verbois et Chancy, nous faisons connaissance avec celui de Génissiat, la première réalisation de la C.N.R.. C'est un barrage de retenue fonctionnant en éclusée. Ce grand barrage (plus de soixante-dix mètres de chute) retient en amont un vaste lac très allongé, car ici la vallée est très encaissée, qui a noyé les anciens barrages de Bellegarde et surtout, les merveilleuses pertes du Rhône. Ce fonctionnement en éclusées a nécessité la construction d'un barrage de réglage des débits en aval, le barrage de Seyssel. Ces deux barrages cumulent la plus grande puissance électrique du fleuve avec 440 MW.

Après, plus en aval, tous les aménagements de la C.N.R. seront construits selon le même principe: un barrage dit «mobile», constitué de panneaux pouvant pivoter pour laisser passer plus ou moins de débit, retient l'eau du fleuve pour la diriger vers un grand canal de dérivation traversé par une usine qui turbine l'eau pour en faire de l'électricité. En aval de Lyon, ces usines comprennent également une écluse. La partie du canal en amont de l'usine s'appelle le canal d'amenée, la partie en aval, le canal de fuite. Souvent, la construction de digues très hautes pour ce canal rehausse considérablement le niveau de l'eau. Cela a pour conséquence de remonter le niveau de la nappe phréatique. Pour éviter ce phénomène, on creuse au pied des digues, un contre-canal, alimenté pour une part par la percolation de l'eau du canal de dérivation, et aussi, parfois, par des anciens petits affluents et, quand cela est nécessaire, par de l'eau prélevée dans le canal lui-même. L'ancien lit du Rhône, dit «tronçon court-circuité», ne contient plus qu'un faible débit, l'essentiel de l'eau étant réservée au canal de dérivation pour la production électrique (et la navigation sur le Bas-Rhône).

Le premier aménagement de ce type que nous rencontrons en poursuivant notre «descente» du Rhône est celui de Chautagne, un des plus récents de la C.N.R. (1980), ce qui lui donne des qualités que d'autres aménagements ne possèdent pas, comme un débit réservé plus important pour le Vieux-Rhône court-circuité qui conserve une mobilité latérale permettant un renouvellement des biotopes, et surtout des digues submersibles permettant d'inonder progressivement le marais de Chautagne et d'alimenter le lac du Bourget, ce qui préserve un champ d'expansion des crues pour protéger les riverains en aval. Aucun aménagement C.N.R. du Haut-Rhône ne comporte d'écluses, la compagnie ayant réservé la possibilité de les réaliser pour raccorder un jour le lac Léman à l'axe Rhin-Rhône. Le barrage de Motz détourne l'eau du vieux Rhône pour l'envoyer dans le canal qui a été creusé au pied de la montagne, rive droite du fleuve, le long de la voie ferrée Culoz-Genève. L'usine hydroélectrique se trouve sur le territoire de la commune d'Anglefort. L'affluent du Rhône, le Verdet, débouche dans le contre-canal qui passe en siphon sous le canal de fuite. Lors des crues de 1990, on a constaté une aggravation non prévue des inondations en plaine de Chautagne, ce qui a conduit le Syndicat de Défense des Berges et Bordures du Haut-Rhône à faire réaliser une étude. Celle-ci montre que l'on observe un basculement en long du lit du Vieux-Rhône court-circuité. Le Rhône s'enfonce à l'aval du confluent du Fier. Les crues creusent le lit en amont de l'aménagement (au pied du barrage de retenue) et elles comblent la partie aval par dépôt des charges exceptionnelles apportées. Des travaux sont nécessaires pour rétablir le lit du fleuve pris de cette ivresse.

Sorti de cet aménagement, nous entrons dans la retenue de l'aménagement suivant qui longe le marais de Lavours: l'aménagement de Belley (1981). Le débit du canal de Savières, magnifique petite voie d'eau champêtre qui relie le vieux Rhône au lac du Bourget en partant de la commune de Chanaz, au pied du barrage de retenue, est réglé par un petit barrage annexe afin, en décrue, de contrôler le niveau du lac du Bourget. Le canal d'amenée se sépare du Rhône non loin du petit village de Lavours en s'en écartant beaucoup, car il lui faut contourner une montagne, traverse la marais de Cressin, coule à quelques encablures de Belley pour se heurter à l'usine (toujours sans écluse) de Brens. Le canal de fuite rejoint alors le Vieux-Rhône deux kilomètres plus en aval. Un affluent, le Sérah, passe sous le canal d'amenée par un siphon pour continuer à alimenter le tronçon court-circuité. Celui-ci, le Vieux-Rhône, après s'être séparé du canal à Chanaz, poursuit sa route divaguante comportant encore de nombreuses lônes, se heurte à un seuil à Lucey, passe à proximité de Yenne, trouve un nouveau seuil et traverse ensuite le très beau défilé de Pierre-Châtel, non loin de La Balme.

Après quelques kilomètres de Rhône naturel, nous entrons dans l'aménagement de Brégnier-Cordon (1983). Le fleuve descend vers le sud jusqu'au confluent du Guiers où il remonte vers le nord. La C.N.R. lui fait prendre un raccourci. Le barrage de retenue de

Champagneux dirige l'essentiel du débit, vers la rive droite, dans le canal d'amenée qui le conduit, par un parcours sinueux (ce qui est rare pour un canal de dérivation...) jusqu'à l'usine. Le Vieux-Rhône, est presque resté égal à lui-même: tout en tresses, lônes et îles, il serpente, divague, contourne, flâne jusqu'à retrouver, bien plus loin, le canal de fuite. Il coule alors longtemps seul et presque sauvage jusqu'à Sault-Brénaz où un nouveau barrage de retenue dirige presque toute son eau vers un canal de dérivation creusé rive gauche cette fois, très court celui-là, puisqu'il n'a que deux kilomètres de longueur. Cet aménagement est le plus récent puisqu'il date de 1986. Puis, le Rhône redescend vers le sud pour retrouver Lyon. Il accompagne la rivière Ain qu'il rejoint une vingtaine de kilomètres plus au sud, après le village de Loyettes. La C.N.R. avait un projet d'aménagement à cet endroit, artificialisant complètement le confluent. Ce projet donna lieu à de fermes oppositions qui le firent repousser à une date non déterminée.

Le fleuve s'approche de Lyon en se séparant en trois parties: le canal de Miribel au nord, le vieux Rhône au centre, et le canal de Jonage au sud. Tous se retrouvent au nord de Lyon à La Feyssine.

Cet ensemble de Miribel-Jonage n'est pas l'oeuvre de la C.N.R.. Il est beaucoup plus ancien. Il fut terminé en 1899 et l'EDF en a la concession. Cette concession est à renouveler et l'enquête publique a eu lieu en 1994. Cette partie du fleuve, complètement artificielle, est devenue une zone naturelle aux portes de la ville, car, avec les années, la nature y a repris ses droits. Elle comprend, notamment, la zone de captage d'eau potable de l'agglomération lyonnaise (Crépieux-Charmy). On l'a vu, les travaux du canal de Miribel furent commencés en 1848. Ils s'achevèrent en 1857. Un barrage et une digue divisoire furent installés en amont du canal de l'époque, en face du village de Thil. Le canal de Jonage, terminé en 1899, comprend, au milieu de son cours, un plan d'eau appelé le Grand-Large, réserve d'eau prévue pour alimenter l'usine hydroélectrique de Cusset plus en aval. Cette usine comporte deux écluses qui n'ont jamais servi, la navigation empruntant le canal de Miribel. En 1937, fut construit le barrage de retenue de Jons en amont de ce canal, afin de remonter le niveau du Rhône et de l'ensemble lône Jonage. En effet, depuis 1858, on constatait le basculement du lit du canal de Miribel, celui-ci, de la même manière que le Rhône en Chautagne, se creusait au pied du barrage de Thil et se comblait en aval. On crut trouver la parade lors de la construction du canal de Jonage. Mais on s'aperçut que les débits baissaient dans ce dernier pour renforcer ceux du canal de Miribel. La construction du barrage de Jons devint alors nécessaire pour assurer un débit suffisant à l'usine de Cusset sur le canal de Jonage.

à partir de Saint-Clair, au nord de la ville, le Rhône est parfaitement endigué. Certains de ses quais servant au stationnement des voitures et même à la circulation. Nous avons vu comment fut aménagé le parc de la Tête-d'Or à partir des lônes et marais du fleuve (les *brotteaux* en Lyonnais). Aujourd'hui, avec la collaboration de la C.N.R, la ville de Lyon a aménagé ses berges dans la zone amont comprise entre le confluent des canaux de Miribel et Jonage et le pont Winston Churchill. Ces aménagements consistent en un profilage et recalibrage des berges, la construction d'un seuil au travers du lit à Saint-Clair permettant de maintenir le niveau de la nappe de la zone de captage de Crépieux-Charmy et une écluse au gabarit Freycinet pour le passage des bateaux de plaisance. Tout endigué, le fleuve rencontre la Saône à La Mulatière. Rive gauche, il longe alors le port Edouard-Herriot, vaste concentration de dépôts d'hydrocarbures et gaz liquéfiés. Nous sommes déjà dans l'aménagement de Pierre-Bénite (1966). L'usine-écluse est implantée en extrême amont du canal de dérivation (rive gauche du Vieux-Rhône). Le canal d'amenée est inexistant, le canal de fuite occupant toute la longueur de la dérivation. Le barrage est situé sur le Vieux-Rhône en aval de l'usine-écluse. La C.N.R. a fait un énorme effort paysager sur cette aménagement. L'île située entre l'écluse et la retenue, l'île des Peupliers, est aménagée en parcours sportif et refuge pour les oiseaux Les berges du canal de fuite ont été réhabilitées avec enrichissement de la végétation, constitution de frayères et aménagements pour le public. Ces travaux sont consécutifs à un accord de partenariat entre la C.N.R. et les communes de Pierre-Bénite et Saint-Fons. Le fleuve court-circuité retrouve le canal de dérivation à Ternay. Puis, après un de ses plus beaux méandres, à Givors, commence l'aménagement de Vaugris. L'emplacement de cet ouvrage qui lie en un seul ensemble, barrage, usine et écluse, fut prévu d'abord en amont de Vienne, à Estressin. Mais, finalement, il fut construit à Vaugris, juste en aval de la ville romaine. Sa mise en service date de 1981. Ici, donc, il n'y a pas de canal de dérivation. L'aménagement suivant, celui de Péage-de-Roussillon, retrouve une configuration classique : barrage qui envoie le débit principal dans un canal de dérivation creusé en rive gauche.

L'usine écluse, cette fois, est située très en aval du canal, après la zone industrialo-portuaire de Salaise-sur-Sanne. La chute suivante (la C.N.R. appelle ces aménagements des «chutes»), celle de Saint-Vallier (1971), classique également, permet de voir dans le lit du Vieux-Rhône de magnifiques témoignages des «carrés» (digues et épis) de l'ingénieur Girardon. Le canal de dérivation est très court (3,5 kilomètres) car la vallée est ici très étroite (le défilé de Saint-Vallier) et il fallait préserver des vignobles prestigieux (Hermitage et Crozes).

L'aménagement suivant, celui de Bourg-lès-Valence (1968), classique aussi, se distingue néanmoins par le fait que l'Isère rejoint désormais le canal de dérivation qui coule jusqu'à l'usine-écluse située en amont immédiat de Valence. Le barrage de l'Isère empêche son puissant débit de couler dans le Vieux-Rhône par l'ancien lit de l'affluent au confluent avec le fleuve. Et quand la crue survient, ce barrage mobile permet d'en évacuer une partie dans le tronçon court-circuité.

Une fois Valence passée, l'entrée de l'aménagement de Beauchastel longe le nouveau port de l'Epervière, en aval duquel pourrit lentement le dernier rescapé des anciens toueurs du Rhône. La configuration des lieux obligea la C.N.R. à réaliser le canal de dérivation en rive droite. Cette chute réalisée en 1963 est la seule dans ce cas sur le Bas-Rhône. Le temps de longer la réserve naturelle de Printegarde sur la rive gauche, de croiser la Drôme dont le confluent est complètement bétonné, le fleuve se sépare de nouveau en deux bras, l'un artificiel en rive gauche, le canal de dérivation de l'aménagement de Baix-le-Logis-Neuf (1960) et le Vieux-Rhône qui rase la montagne de l'Ardèche. Puis, c'est l'aménagement de Montélimar (1957) dans lequel le Roubion passe par siphon sous le canal de dérivation pour rejoindre le Vieux-Rhône. Le fleuve entre alors dans le défilé de Donzère avant la chute de Donzère-Mondragon, le premier en date des aménagements du Bas-Rhône (1952). Il comprend le plus long canal de dérivation: 28 kilomètres. L'écluse resta pendant longtemps celle qui comporte la dénivellation la plus importante : 26 mètres. Son remplissage et sa vidange se réalisent en sept minutes seulement! Pour l'expérimenter, la C.N.R. a construit spécialement un bateau, le Frédéric Mistral. Ce fut le président Edouard Herriot qui essaya cette écluse sur ce bateau le 25 octobre 1952. Un autre président emprunta le même bateau pour essayer une autre écluse, celle de Pierre-Bénite en 1962,

Vincent Auriol. à Donzère-Mondragon, canal de fuite et Vieux-Rhône se rejoignent à l'île Saint-Georges, avant d'arriver à la chute de Caderousse (1975) puis d'Avignon (1973). Ici, de tous temps, le fleuve se séparait en de nombreux bras, mais l'essentiel du débit se séparait en deux, par le bras d'Avignon et le bras de Villeneuve. Ce dernier est court-circuité par un court canal de dérivation, le barrage de Villeneuve y déviant l'essentiel du débit. Juste après la séparation des deux bras, le barrage de Sauveterre régule le débit du bras d'Avignon. En aval immédiat d'Avignon, après que les deux bras du Rhône se sont rejoints, le fleuve rencontre la Durance dans un confluent là aussi bétonné, créant une presqu'île, La Courtine, aménagée en zone industrialo-portuaire, mais éventuellement soumise aux risques d'inondations, non pas du Rhône, mais de la Durance. Les digues de celle-ci réalisées en amont de celles de la C.N.R. étant moins efficaces, la rivière pourrait les contourner et envahir les lieux.

Dernier aménagement du fleuve, celui de Vallabrègues, où canal de fuite et Vieux-Rhône se serrent l'un contre l'autre pour passer entre Beaucaire et Tarascon. La C.N.R. a dû creuser profondément le lit du fleuve entre Beaucaire et Arles pour abaisser le niveau du fleuve, c'est le Palier d'Arles. A Beaucaire, le canal du Rhône à Sète rejoint le fleuve. Ce canal est également relié au Petit-Rhône, en Camargue, par l'écluse de Saint-Gilles. Le canal d'Arles à Port-de-Bouc longe le Grand-Rhône. Ce canal est relié au fleuve par le canal du Rhône à Fos-sur-Mer qui le rejoint à proximité du bac de Barcarin.

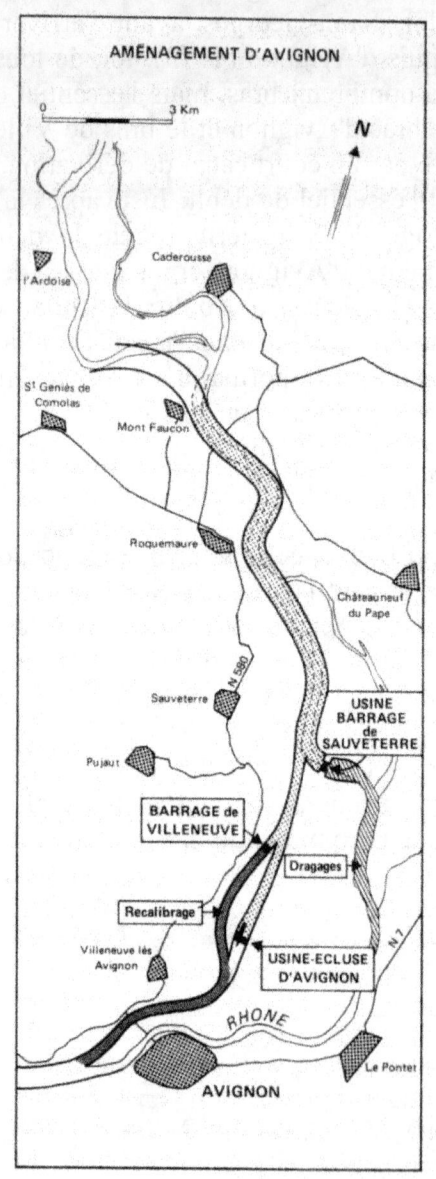

· Plan
de l'aménagement
d'Avignon
(source : CNR).

Aménagements de la compagnie nationale du Rhône sur le fleuve

H = hauteur de chute en m; P = puissance en MW; L = longueur totale de l'aménagement en kms;
U = nombre d'usines; E = nombre d'écluses; B = nombre de barrages; Année = date de mise en service

Aménagements	H	P	L	U	E	B	Année
Haut-Rhône:							
Génissiat-Seyssel	74,35	445	28	2	0	2	1948-51
Chautagne	15	90	14,4	1	0	1	1980
Belley	15,05	90	19,7	1	0	2	1981
Brégnier-Cordon	11,4	74	19,2	1	0	1	1983
Sault-Brénaz	7,6	40	30	1	0	1	1986
Cusset (EDF)	12,2	107	23,3	1	3	2	1899
Bas-Rhône:							
Pierre-Bénite	8	80	15	1	1	1	1966
Vaugris	5,7	72	19,5	1	1	1	1980
Péage-de-Roussillon	12,25	168	27	1	1	1	1977
Saint-Vallier	9,8	120	23,5	1	1	1	1971
Bourg-lès-Valence	10,1	180	21	1	1	2	1968
Beauchastel	11,4	192	17,5	1	1	1	1963
Baix-Le-Logis-Neuf	10,1	192	18	1	1	1	1960
Montélimar	16,05	270	22	1	1	1	1957
Donzère-Mondragon	20,7	330	32	1	1	3	1952
Caderousse	8,3	180	16	1	1	1	1975
Avignon	9	180	20	2	1	2	1973
Vallabrègues-Arles	10,5	210	78,5	1	2	1	1970-74
TOTAL	272,35	3042	424,1	21	13	26	

(source C.N.R.)

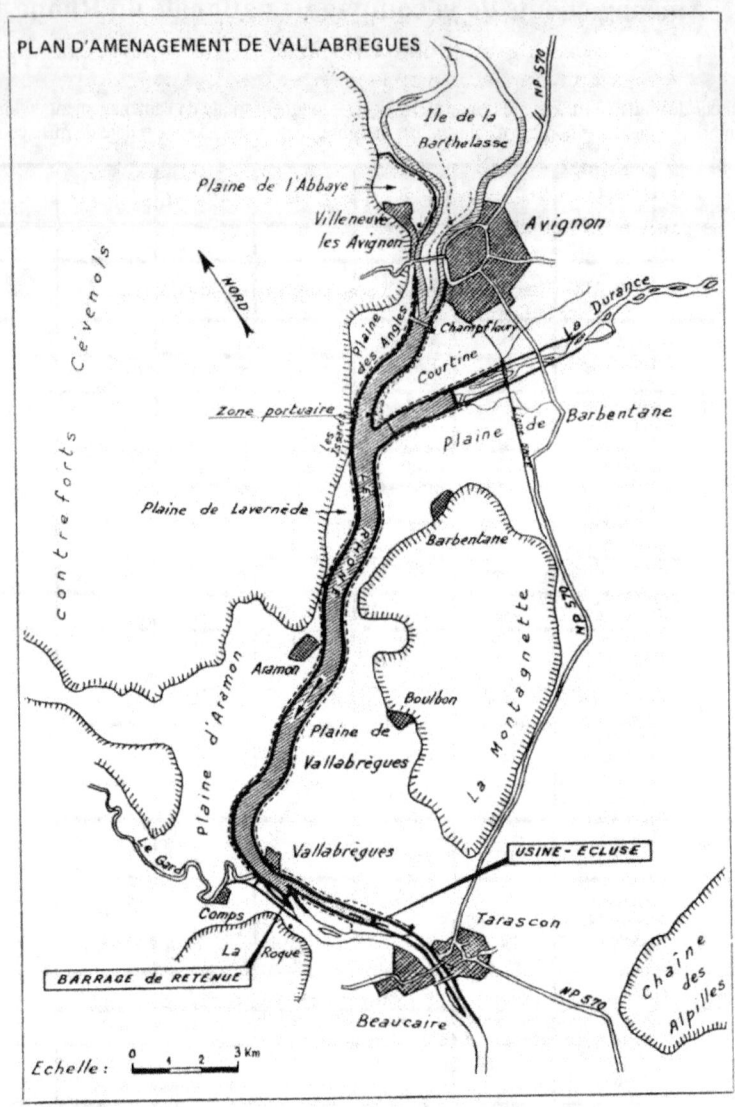

PLAN D'AMENAGEMENT DE VALLABREGUES

Ile de la Barthelasse

Plaine de l'Abbaye

Villeneuve les Avignon

Avignon

Champflour

La Durance

Courtine

Plaine de Barbentane

NORD

Zone portuaire

les Issarts

Plaine de Lavernède

I Nord

Barbentane

contreforts Cévenols

Plaine d'Aramon

Aramon

Boulbon

La Montagnette

Plaine de Vallabrègues

USINE - ÉCLUSE

Vallabrègues

Le Gard

Comps

Tarascon

La Roque

Chaîne des Alpilles

BARRAGE de RETENUE

NP 570

Beaucaire

Echelle : 0 1 2 3 Km

Aménagement de Vallabrègues (source : CNR)

LA NAVIGATION

Ce nouveau voyage le long du fleuve nous a fait mieux connaître son aménagement actuel qui permet la navigation de convois poussés de trois mille à cinq mille tonnes et, à l'avenir, avec la construction de nouvelles écluses, des convois de dix mille tonnes. Cela est l'aboutissement d'une longue histoire, celle de la navigation sur le fleuve, histoire d'un combat entre l'homme et le puissant cours d'eau.

La vallée du Rhône fut toujours le chemin des peuples et des nations. Dès la plus haute antiquité, les Grecs massaliotes (de Marseille) utilisèrent la voie fluviale, par terre ou par eau, pour leurs échanges commerciaux avec les contrées du nord. Le système fluvial français à mailles très serrées permettait, avec de faibles transbordements, de transporter des marchandises sur l'eau du nord au sud de l'Europe. Charles Lenthéric affirme, dans son ouvrage sur le Rhône (1892), que *«la mer, «cette route gratuite et éternelle», et les fleuves, «ces chemins qui marchent», dont la descente s'effectue sans effort et qu'un halage rudimentaire permet de remonter sur une grande partie de leur cours, ont été, pendant de longs siècles, les seules voies suivies par le commerce. (...) Le déplacement de la civilisation vers l'occident a été la grande oeuvre des peuples navigateurs.»*

Hannibal (219 avant Jésus Christ), avec ses armées de mercenaires, accéda à la vallée du Rhône par un affluent, le Gard, remonta le fleuve en rive droite, le traversa entre Arles et Loriol (nul ne sait où...), continua vers le nord en rive gauche et emprunta la vallée de l'Isère pour traverser les Alpes. Ainsi, dès l'antiquité, la vallée du Rhône servit de liaison avec l'Italie par les Alpes...

«La grande route qui pénétrait au coeur de la Gaule s'embranchait à Arles même, sur le Rhône, au point où la voie Aurélienne se soudait à la voie Domitienne. Elle remontait la vallée (..), se maintenait toujours sur la rive gauche jusqu'à Lyon; et il eût été d'ailleurs difficile qu'elle pût s'écarter sensiblement de ce sillon naturel, si nettement tracé en ligne droite entre deux rangées de collines souvent abruptes et très rapprochées.»

On trouve trace de navigation sur le Rhône dans la plus lointaine antiquité. Ainsi, la légende des Argonautes situe une partie de leurs aventures sur le Haut-Rhône.

Les bateaux descendaient en utilisant le courant et remontaient par le halage avec la force musculaire des hommes et des bêtes de trait. Les hommes furent longtemps préférés aux animaux, car il était plus facile aux premiers de traverser le fleuve quand il fallait passer d'une rive à l'autre et l'attelage de chevaux ne fut suffisamment efficace qu'à l'époque moderne. A l'époque gallo-romaine, les Nautes rhodaniens constituaient une caste de navigateurs qui exerçaient d'Arles à Seyssel. Ces élites commerciales, riches et aventureuses, utilisaient les esclaves pour le halage. On appelait les Nautes du Rhône et de la Saône *«Le Corps Splendide»*. C'est que la navigation était dure à cause du fleuve et de ses fantasques, mais aussi à cause des dangers provenant de la cupidité des hommes. Le parcours fluvial était plus sûr, car la voie de terre était soumise aux attaques et brigandages de voleurs et rançonneurs. Ces derniers étant le plus souvent les seigneurs dont le vol et la guerre était la principale occupation. Ainsi, a-t-il fallu que le seigneur de Chastel dépassât les bornes pour que Louis IX, descendant le Rhône pour la septième croisade, fît raser le château de La-Roche-de-Glun.

Donc, durant tous ces siècles mouvementés, la route fluviale fut préférée à la route terrestre beaucoup moins sûre. Encore qu'à la remonte, les embarcations devenaient bien vulnérables. Charles Lenthéric indique dans son ouvrage sur le Rhône (1892) que «dans les temps anciens, le régime du fleuve était moins torrentiel, qu'il y avait un peu plus de profondeur sur les bancs de gravier, et que, par suite, les conditions générales de navigabilité étaient sensiblement meilleures. On sait cependant que non seulement la vallée du Rhône, mais surtout toutes les vallées latérales, aujourd'hui si tristement déboisées, étaient à peu près couvertes d'un immense manteau de végétation forestière que César appelait si bien *«magnitudo silvarum»*; que l'écoulement des eaux dans toutes les gorges, dans tous les affluents du fleuve, aujourd'hui torrentiels comme lui, avait lieu d'une manière beaucoup plus régulière; que le niveau général des eaux moyennes, et surtout des basses eaux, était un peu plus relevé; (...) il existait une batellerie très bien organisée sur les rivières de l'Ardèche, de l'Ouvèze et surtout de la Durance, qui sont aujourd'hui absolument «innavigables». (...) On devait trouver (toujours) presque partout un mouillage de près d'un mètre.»

Mais, dès le Moyen Âge, avec un fort courant, l'irrégularité de ses fonds et de son débit, le tirant d'eau insuffisant, les passages en tresses (le fleuve faisant des «mains d'eau» comme disaient les mariniers), le Rhône imposait aux embarcations une architecture particulière. Un fond plat d'abord, à cause des basses eaux et des rapides, une armature très solide pour le maintien de l'arbousier, petit mât sur lequel était fixé le câble de halage, un grand gouvernail pour mieux se diriger dans un courant violent et une proue relevée en berceau pour résister le moins possible au courant. On utilisait surtout le bois de sapin, et, dans une moindre mesure, de chêne. A Seyssel, on construisit des bateaux jusqu'à la disparition de la navigation sur le Haut-Rhône. Le type de bateaux construits s'appelait Seysselande ou Ceyselande. On transportait également le bois sous forme de grands radeaux, redoutés par les navigateurs particulièrement en remonte... Ces bateaux, qu'on appelait donc seysselandes, mais aussi, savoyardes, sapines, penelles, coches, rigues, ratamares n'étaient pas très grands: six à trente-six mètres de long. Les petites barques étaient appelées barcot.

Avec le développement industriel, surtout à partir des quinzième et seizième siècle, la navigation se développa également de manière industrielle. Ce fut l'époque des équipages lorsque le halage par les chevaux et les boeufs remplaça définitivement le halage par les hommes, ces derniers continuant à tirer seulement les petites embarcations.

Guy Dürrenmatt, dans son ouvrage *«La Mémoire du Rhône»* cite L. Ménétrieux: *«Une petite armée de quarante, cinquante hommes vigoureux, forts comme des athlètes, était nécessaire pour chaque équipage qui se composait de trente, cinquante et parfois quatre-vingts chevaux ou boeufs chargés de tirer et de remonter ces longs convois de barques liées les unes aux autres par d'énormes cordages.*

Trois de ces câbles de chanvre étaient indispensables pour chaque équipage qui transportait plus de mille cinq cents tonnes de marchandises. L'un d'eux, la «maille», dont le diamètre était d'au moins dix centimètres, s'attelait à six coubles de quatre chevaux chacun, soit vingt-quatre chevaux. C'était le «ça devant».

Ces chevaux qui portaient chacun leur nom en fonction de la place qu'ils occupaient dans la couble faisaient la fierté des équipages qui les paraient de magnifiques atours. Le prouvier (celui qui se tient à la proue) se tenait sur la première barque (la capitane) et sondait la profondeur de l'eau avec le pan. *«A pleins poumons, il criait tantôt «passe à quatre doigts», c'est-à-dire presque pas d'eau. Il fallait alors faire marche lente ou s'arrêter; tantôt, «pan bien juste» il fallait être prudent; «pan» tout allait bien; «pan couvert» encore plus d'eau; «pan lourd» marche libre; «pan et demi» eau avantageuse ou «pan à demi--out»; à partir de cette hauteur, on arrêtait de sonder. Sur la barque capitane, outre patron et prouvier, il y avait le conducteur dont la mission consistait à faire la comptabilité et la correspondance, à payer les dépenses.*

Chacune des barques suivantes avait son patron assisté de mariniers.

A terre, le patron de terre, responsable des chevaux et des boeufs, était assisté de bayles ou seconds patrons et de charretiers ou mariniers de terre, chargés de la conduite des coubles. Leur fond de pantalon souffrait des heures et des heures passées sur le dos des chevaux et ils portaient des pantalons avec des fonds de cuir; on les appelait pour cela des «culs de piaux».

Imaginons la scène grandiose: un convoi de barques sur plusieurs centaines de mètres tirées sur le chemin de halage par une horde de chevaux bien ordonnée, les ordres donnés par le prouvier repris d'une barque à l'autre: «pousse au riaume!» ou «pousse à l'empi». Les charretiers criaient après leurs montures. La navigation demandait un éveil des sens de tous les instants, une connaissance du fleuve, de son chenal qui variait d'une saison à l'autre, de ses bras et de ses courants. Un travail collectif très dur et chacun jouait un rôle essentiel dans les manoeuvres de transport des richesses, dirigées d'une poigne de fer par les deux patrons. Le chemin de halage n'était pas toujours sur la même rive en fonction de la disposition des berges. Il fallait alors faire traverser le fleuve à tous les chevaux. Ils «culassaient» dans deux barques qui leur faisaient traverser le fleuve. Le coursier transportait alors sur l'autre rive la forte maille encore accrochée à l'équipage. De l'autre côté, on remettait tout en ordre pour poursuivre la remonte. Lors de la décize (descente), les chevaux étaient transportés dans la deuxième barque de l'équipage appelée «la civardière». Les passages difficiles étaient nombreux.

Cette méthode de navigation fut rapidement supplantée par la découverte de la machine à vapeur.

Contrairement aux états-Unis où les chemins de halage n'existaient pas, en France, la tradition du halage influença au début la technique de la navigation à vapeur. On installa la machine sur le bateau qui tirait sur un câble fixé sur la rive. Ce fut l'invention du touage par l'Abbé d'Arnal (1733-1801). Mais cette idée ne fut jamais appliquée de son vivant. Il faudra pour cela attendre les années 1820, pour qu'à Givors, Tourasse expérimentât cette technique, après le succès de son expérience de premier toueur sur la Saône en 1821. Marc Seguin fit plusieurs tentatives de «halage par la vapeur à des points fixes sur le Rhône» et créa la société du même nom. Mais, comme l'indiquent Bernard Escudié et Jean-Marc Combe dans leur ouvrage «Vapeurs sur le Rhône»: *«L'affaire des bateaux Seguin, bien que riche en événements éphémères, ne constitue qu'un épisode peu important dans l'histoire de la navigation à vapeur sur le Rhône.»* Sa société meurt en 1828... D'autres méthodes furent utilisées, comme le remorqueur grappin de Claude Verpilleux (1798-1875) qui fonctionna le 25 juin 1840. Dans ce bateau, la machine à vapeur entraîne une grande roue à dents qui s'appuie sur le fond du lit du fleuve pour propulser l'embarcation.

Le touage fonctionna sur la Seine, le Danube et divers canaux, ce qui montra à certains que ce procédé pouvait être appliqué au Rhône, à condition que celui-ci offrît un chenal plus régulier et un tirant d'eau minimum. Nous avons vu que ce fut le cas après 1878. Mais les projets tardèrent encore à se réaliser. Un toueur à chaîne fut expérimenté au sud de Lyon. Les entreprises chargées de la réalisation des digues et épis de l'aménagement du fleuve furent intéressées par ce système particulièrement adapté à la lutte contre le fort courant du fleuve. Plusieurs machines furent utilisées localement dans le Bas-Rhône. Mais, si le touage fut utilisé jusqu'en 1936, il ne fut jamais utilisé à grande échelle pour le transport des marchandises et des personnes. Comme le soulignait L. Jacquet dans un rapport, il aurait fallu pas moins de vingt-huit toueurs d'Arles à Lyon... Le toueur avait une silhouette typique: la proue était inclinée vers le bas pour laisser le champ libre au câble de touage dirigé par des galets fixés à l'avant. Le navire toueur était un remorqueur. Il tirait donc plusieurs barques touées distantes de cinq à six mètres entre elles, reliées par des calomes croisées. La manoeuvre d'un tel ensemble esclave de sa chaîne n'était pas aisée et demandait une technique particulière. Un toueur fut maintenu en activité dans le défilé de Donzère jusqu'en 1970. Son épave est encore visible au port de l'épervière à Valence...

Mais d'autres techniques contribuèrent à développer la navigation à vapeur sur le Rhône.

Cette navigation dépendait avant tout des techniques de la machine à vapeur elle-même, et à cause de cela, la navigation à vapeur sur le Rhône joua de malchance. En effet, le 4 mars 1827, le vapeur baptisé *Le Rhône* explosa à Lyon, près du pont de La Guillotière! La technique de production d'énergie mécanique par la vapeur n'était pas encore au point. Avec la mise au point de la chaudière tubulaire par Marc Seguin en 1828, la navigation à vapeur put renaître sur le Rhône.

Un nouveau bateau sortit des chantiers de Vaise, à Lyon, le 2 juin 1829. Il s'appelait *Le Pionnier*. Le 7 juillet de cette même année, un voyage d'essai fut réalisé. La décize de Lyon à Arles se fit aisément en douze heures de navigation. Ce fut donc un succès. Mais, hélas, il en fut tout autrement de la remonte. Chargé à Arles de mille six cents quintaux de marchandise, Le Pionnier mit quatre-vingt-quinze heures pour atteindre Lyon, arrêts décomptés! Il avait même fallu faire appel à la traction animale pour plus de la moitié du voyage... Le Pionnier ne vécut qu'un an. Ce n'est que durant les années 1843 et 44 que naquirent vraiment les grands porteurs rhodaniens, dus à l'innovation décisive de François Bourdon (1797-1865). Ces grands navires de soixante-quinze à cent trente-sept mètres de long, comme *Le Creusot, Le Mississipi, Le Missouri, L'Althen, Le Talabot*, seront construits au Creusot. Quelques années plus tard, certains de ces bateaux, comme *L'Océan* et *Le Méditerranée*, atteindront cent cinquante-sept mètres de long! On les appelait «aiguille» ou «anguille», car leur souplesse leur permettait une déformation d'une amplitude d'un mètre. Très longs pour mieux flotter sur le faible tirant d'eau du fleuve Rhône, ils transportaient passagers et marchandises. Le gouvernail était commandé par une énorme barre qui obligeait le pilote, le patron du bateau, à se tenir sur une plate-forme surélevée à l'arrière.

Voyons comment Mistral décrit un bateau à vapeur qui causera la perte de l'équipage du patron Apian:

> *Soudain s'élève, dans le lointain du nord,*
> *un sourd bourdonnement. à l'horizon*
> *il se perdait, puis bourdonnait encore,*
> *comme le clapet d'un moulin farouche*
> *qui serait descendu par la rivière.*
> *Puis c'était une toux absconse*
> *qui augmentait toujours, toux saccadée,*
> *comme on eût dit d'un taureau, d'un dragon*

suivant de l'archipel les sinuosités.
Puis un ébranlement subit remua l'onde,
faisant sursauter la batellerie, pendant qu'en amont un flot de fumée
obscurcissait le ciel: et derrière les arbres
apparut tout d'un coup, fendant le Rhône,
un long bateau à feu. Tout l'équipage
redressa les bras, à l'aspect du monstre.
En poupe, Maître Apian, devenu pâle,
regardait muet la barque magique,
la barque dont les roues battaient comme des griffes,
et qui soulevait des vagues énormes
et formidablement fonçait sur lui.

Mais finalement, le remorqueur, successeur du toueur, remplaça les gros porteurs.

Les remorqueurs à aube naviguèrent ainsi sur le fleuve jusqu'après la deuxième guerre mondiale. Mais, si l'efficacité de la machine à vapeur permit de développer la navigation fluviale elle fut également la base de l'essor d'un autre moyen de transport qui la concurrença mortellement : le chemin de fer. Le 16 avril 1855, la voie ferrée assure une continuité de Lyon à Marseille. Devant ce danger, cinq compagnies de navigation fusionnent et créent la Compagnie Générale de Navigation. Elle transporte 630 000 tonnes de marchandises et 200 000 voyageurs de Lyon à Arles. C'est l'âge d'or de la navigation fluviale. La compagnie de chemin de fer PLM (Paris-Lyon-Marseille) mit tous les moyens en oeuvre pour s'imposer aux dépens de la navigation. Cette compagnie était née le 11 avril 1857 de la fusion des sociétés Paris-Lyon et Lyon-Marseille. Pour faire face à la concurrence de la voie ferrée, la C.G.N. met en service des bateaux voyageurs à aubes articulées. Ces bateaux, appelés *Gladiateurs*, comportaient salons, fumoirs et cabines. Mais ils ne résistèrent pas à la concurrence du chemin de fer et arrêtèrent leur activité en 1905.

Le voyage en chemin de fer était plus régulier, plus sûr et moins cher.

Le drame débuta en 1854-1855 lorsque fut terminée la voie de chemin de fer parallèle au Rhône. Le tonnage moyen des marchandises transportées par le fleuve s'effondra. Or, à l'origine, comme les routes qui étaient conçues comme liaisons entre les fleuves, le chemin de fer devait jouer le même rôle. Ainsi, la batellerie, grâce à la «Gare d'eau» de Givors, gardait le monopole du transport du charbon du Forez. Celui-ci était amené en train jusqu'à Givors où il était embarqué sur bateau. Mais, en 1857, lorsque fut construit le pont de la Méditerranée qui relie la voie ferrée d'une rive à l'autre, le déclin devint irréversible. De près de 600 000 tonnes en 1855, le fret fluvial est passé à 200 000 tonnes en 1869. Et cela, pendant la période du plein développement de l'aménagement fluvial pour la navigation... Pour certains, les tractations entre compagnies fluviales et de chemin de fer ne servaient à la voie ferrée qu'à mieux étouffer la navigation. «Si la navigation à vapeur est destinée à disparaître, qu'importe à l'intérêt public qu'elle disparaisse par suite d'une lutte ruineuse ou par une transaction», écrit Talabot au Ministre Magne en 1853. Il était concessionnaire d'une ligne de chemin de fer rhodanienne. Par une habile politique tarifaire, le chemin de fer fit une concurrence impitoyable à la navigation fluviale.

Dans le domaine du transport des marchandises, le transport fluvial ne devint vraiment compétitif qu'avec le passage au grand gabarit. Mais, une fois de plus, un autre grand concurrent fait actuellement obstacle à son développement: l'autoroute et ses convois de camions.... Les gros porteurs actuels, autopropulseurs fonctionnant au moteur diesel et surtout les gros pousseurs de convois de quatre mille tonnes, autorisés à naviguer par le tirant d'eau que permirent les aménagements de la C.N.R. à partir des années soixante, ont aujourd'hui remplacé les remorqueurs à aubes. La C.N.R. a prévu la possibilité aux convois poussés de huit mille tonnes de naviguer sur le Rhône. Le fleuve accueille également les grands bateaux fluvio-maritimes qui naviguent indifféremment sur mer et sur l'eau douce.

Trafic fluvial rhodanien

Années	1986	1987	1988	1989	1990	1991
Tonnage en millions de tonnes km	338	370	330	434	452	480
Tonnage en millions de tonnes chargées	4,2	3,7	3,7	4	4,4	5

(source C.N.R.)

Implantations industrielles et portuaires (en ha)

1986	1987	1988	1989	1990	1991	1992
147	166	185	204	225	247	250

(source C.N.R.)

Répartition du trafic par type de bateaux

Flotte	Tonnage	Flux	Distance moyenne
Automoteurs du Rhône	42,40%	43,90%	157 km
Convois poussés	30,10%	35,50%	253 km
Automoteurs de canaux	6,20%	3,50%	85 km
Navires fluvio-maritimes	13,10%	17,10%	195 km
Cargos maritimes	8,20%	-	5 km

(source C.N.R.)

Navigation de plaisance
(nombre de passages aux écluses)

Année	Pierre- Bénite	Beaucaire
1972	641	825
1978	1030	1349
1984	1611	2037
1990	2229	2629
1992	2107	2628

Sur le Haut-Rhône, nous l'avons vu, les usines hydroélectriques de la compagnie nationale du Rhône ne comportent pas d'écluse. La navigation pour le transport de marchandises n'est pas possible. Seule la navigation de plaisance peut se pratiquer, un système de passage de l'usine par la terre permettant aux bateaux légers de poursuivre leur route. Une navigation touristique existe entre Seyssel et le lac du Bourget par le canal de Savières.

Sur cette partie du fleuve en amont de Lyon, l'histoire de la navigation fut encore plus compliquée qu'en aval et ne connut pas le même développement. Les débits du Rhône sont plus faibles, les crues plus fréquentes. En-dessous de cinq cents mètres cube par seconde et au-dessus de mille cinq cents (les chemins de halage étaient alors noyés) la navigation n'était pas possible. Ainsi, en 1884, le transport fluvial ne fut régulier que durant les mois de juillet et août. Les tirants d'eau étaient plus faibles qu'en aval: quarante et un centimètres seulement au confluent avec le Furan! Très en amont, avant Bellegarde, les célèbres pertes du Rhône, aujourd'hui définitivement perdues au fond de la retenue de Génissiat, empêchaient tout passage de transport flottant. Plus en aval, les bateaux pouvaient circuler, mais, les rapides de Sault constituaient un obstacle difficile. Ainsi, le village de Sault-Brénaz était un point de rupture de charge obligatoire. Toute une activité économique bouillonnait autour du port de la Meuille: chantier de construction de bateaux, relais de chevaux, rassemblement des pierres de taille extraites des falaises calcaires qui dominent le fleuve en amont.

Le trafic marchandise n'existait pratiquement qu'entre Sault et Lyon où il était interrompu au pont Morand. En moyenne annuelle, deux cent mille tonnes de marchandises étaient déchargées à Lyon. On transportait essentiellement de la pierre de taille et de la chaux fabriquée à partir de cette pierre dans les nombreux fours à chaux de la vallée. Le flottage était très important et de nombreux radeaux descendaient au fil du courant. Au début du dix-neuvième siècle, le Haut-Rhône était surtout un fleuve de décize. Rappelons que c'était à Seyssel et Artemare que radeaux et savoyardes étaient fabriqués.

Ici aussi, la navigation à vapeur prit le relais. Jusqu'en 1845, trois petits bateaux de fer à aubes transportèrent quinze mille passagers et quatre cent cinquante tonnes de fret composé essentiellement de sel dont la compagnie avait le monopole du transport. Mais le sel rongea la coque et les bateaux furent inutilisables.

Le transport de voyageurs fut prospère de Lyon à Aix jusqu'en 1888. Mais là aussi, le chemin de fer condamna le transport fluvial. La voie ferrée Lyon-Culoz mise en service en 1857 fit disparaître les transports fluviaux. Un seul bateau voyageur restait en activité en 1860 et s'arrêta en 1888.

Tous les chantiers de construction de bateaux implantés le long du fleuve de Seyssel à Port-Saint-Louis avaient besoin de bois. Celui-ci, du sapin, du pin ou du chêne, provenait des régions du Haut-Rhône. L'approvisionnement se faisait par flottage, sur le Rhône lui-même ou sur plusieurs de ses affluents. Mais, sur le fleuve, il fallait assembler les troncs et construire ainsi de grands radeaux, guidés par deux gouvernails à l'avant et à l'arrière et par des rames latérales spéciales, les picons. L'engin était construit à l'étiage sur le sec et on attendait la montée des eaux pour partir. Les pilotes de ces constructions éphémères s'appelaient des radeliers ou radeleurs. Ces assemblages très peu maniables étaient la terreur des mariniers. Le pire qui pouvait arriver à un convoi en remonte était de rencontrer un radeau en décize...

Les procès-verbaux de justice sont intéressants à consulter pour connaître les périls auxquels étaient soumis les mariniers. Claude Bonnard a recueilli un certain nombre de ces procès-verbaux sur les mariniers du Rhône. Parcourons en quelques-uns ainsi que les archives recueillies par Louis Vignon dans son monumental «Annales d'un village de France: Charly, Vernaison».

Le 15 décembre 1722, à Lyon.

Une crue du Rhône emporte un moulin à Saint-Clair, moulin qui a entraîné ceux qui sont vis-à-vis de l'Hôpital et ceux de la Charité au nombre de 13 qui sont presque tous échoués et rompus.

Le 16 mai 1736,

La barquette de Vienne a péri et a échoué contre les moulins de la quarantaine. Quarante noyés...

Le 28 avril 1762, Vernaison.

Le moulin de Vernaison est fracassé par une voiture fluviale (bateau chargé de pierres de taille faisant la navette entre Lyon et Vienne). Le bateau a heurté le moulin et entraîné son bateau flottant appelé le «chenard». Le grand bateau du moulin est appelé «lanard».

Le 12 mai 1762, en Justice de Condrieu.

Joseph Henri, marchand voiturier sur le fleuve Rhône, du port de Condrieu, partit de Lyon avec cinq penelles chargées de poudre à canon et de fusils pour le compte de monsieur Bétrix, entrepreneur général de l'artillerie de France. A Semons, en amont de Condrieu, le fleuve est fort resserré et garni en rive droite de deux moulins. Une tempête se déclara brusquement. Une penelle avait déjà dépassé les moulins. La seconde fut jetée par l'ouragan contre les moulins. La troisième, située à quarante pas en amont, au droit d'une digue où le courant était particulièrement violent fut également entraînée par celui-ci et par la tempête contre les moulins. Les patrons qui étaient sur la quatrième penelle, voyant le danger, détachèrent aussitôt un barquot qui était à la suite de la leur, y transportèrent la maille jusqu'au bord où ils amarrèrent leur penelle en la mettant en sûreté. La cinquième penelle, encore plus en arrière, trouva le moyen de s'amarrer directement au rivage. Les patrons de ces penelles accoururent alors en aval et tirèrent les deux penelles accidentées qui flottaient entre deux eaux où elles finirent par couler.

Le chargement de ces deux bateaux fut rendu inutilisable, car l'eau avait pénétré dans les fûts de poudre.

Le 13 septembre 1771, port du Rave à Vernaison.

André Abel, dit Lange, 36 ans, voiturier par eau, demeurant au pont de la Tour de la Genetière remontait par halage un bateau chargé de vin pour le compte des Révérends Pères Célestins. Il se disputa avec un autre marinier qui le menaça «d'envoyer son bateau contre les moulins!»

Le 22 août 1840, en Justice de Condrieu.

Le bateau à vapeur de monsieur Henri Dervieu de Lyon, capitaine âgé de quarante-deux ans, arrive près de la digue des Pêcheurs à Condrieu. Il est alors abordé par un petit bateau de voyageurs qui devait emmener les personnes de son bord à Condrieu. Le capitaine voulut prendre toutes les précautions pour que l'embarquement s'opérât sans accident, surtout pour les femmes et les enfants qui exigent plus de soins. Ainsi, les deux bateaux ont été amenés insensiblement près d'un moulin qui existe en cet endroit et, le petit bateau n'ayant pu se dégager assez promptement du bateau à vapeur a été serré entre la roue du moulin et ce dernier. Il a été submergé. Sur les huit personnes qui y étaient embarquées, sept furent sauvées et une enfant de onze ans se noya (Vaubertrand).

Le 20 juillet 1842, en Justice de Paix de Pélussin.

Un radeau composé de trois coupures de chênes et un de sapin, conduit par Claude Debrand, en décize vers Beaucaire, arrive à Chavanay, est heurté par un bateau à vapeur appelé le Signe (le Cygne?) à destination de Valence. Le choc a été si violent que le radeau a été démantibulé en presque totalité. Le bateau avait la place de passer et le propriétaire du radeau demande des dommages et intérêts.

Le 25 mai 1843, en Justice de Paix de Pélussin.

Un bateau appartenant à Dervieux, provenant de Givors en direction de Beaucaire, subit une avarie au lieu-dit La Paillasse à Condrieu par la rencontre d'un équipage des frères Thibaudier de Vernaison. A l'endroit où le Rhône présente une courbe très prononcée. (A l'époque, car aujourd'hui, le coude a été adouci par canalisation de la C.N.R. et cet ancien coude est devenu un plan d'eau de loisirs et un port de plaisance...) Le sieur Dervieux déclara qu'il était d'usage et de rigueur qu'à cet endroit (dangereux à cause de la paillasse) le patron envoyât un homme en amont, à la Roche de Maras, pour avertir le bateau de décize qu'un équipage était de remonte. Or, cette précaution ne fut pas prise et le patron de descente ne pouvant découvrir l'équipage de remonte, l'accident fut inévitable.

Le 31 mars 1860, en Justice de Paix de Pélussin.

Monsieur Claude Merlanchon, capitaine du bateau à vapeur Mississipi, très grand bateau à aubes appartenant à messieurs Bonnardel-frères de Lyon, témoigne.

Après avoir passé le bourg de Saint-Pierre-de-Boeuf, il était descendu dans l'intérieur du bateau en se faisant remplacer par le charpentier de bord sur le pont. Après quelques minutes, il a entendu ralentir la marche du bateau. Aussitôt, il est remonté sur le pont pour voir ce qui en était la cause. Il a alors vu un batelet chargé (jusqu'à dix centimètres du bord environ...) que l'on avait dépassé en le laissant sur la rive gauche, manoeuvrant pour se porter sur cette rive. Le courant l'a entraîné dans les tourbillons occasionnés par un banc de gravier situé en face du ruisseau de la Bégande. Il a alors vu disparaître le batelet et les trois personnes qui étaient dedans. Il a alors ordonné de faire marche arrière pour porter secours aux naufragés s'il était possible. à ce moment, le bateau était en face du four à chaux d'Arcoules et sa marche en arrière n'a cessé qu'à quelques mètres en-dessous du moulin. Il n'a plus rien vu et donc, tout secours était impossible. Le batelet, chargé de fumier, était conduit par un homme et ses deux fils en bas âge.

3) Le fleuve et la nature

UN FLEUVE A LA PHYSIONOMIE CHANGEANTE

Le Rhône n'a pas toujours eu la physionomie qu'il a aujourd'hui, c'est évident. Surtout après les aménagements lourds de la compagnie nationale du Rhône. Mais, ce fleuve torrentiel n'a jamais été sage. Sa formation en tresses dans ses passages en plaine (torrentielle dans les défilés et autres passages étroits) est souvent évoquée. On connaît les difficultés de la batellerie de halage en remonte et, en décize, celles de trouver le chenal dans ces multiples bras entre les nombreuses îles. Mais le fleuve n'a pas toujours été ainsi. Avant, dans les plaines, il coulait d'un seul chenal avec de somptueux méandres. Nous avons vu comment Charles Lenthéric (1892) signalait que dans les temps anciens: «l'écoulement des eaux avait lieu de manière plus régulière.» Cette métamorphose de la dynamique fluviale, décrite par Jean Paul Bravard, semble due à la fois à une modification climatique et au défrichage, qui ont produit d'énormes crues modifiant le cours du fleuve. De nombreuses reliques de ces méandres existent tout au long de son cours. Jean Paul Bravard en décrit plusieurs dans son ouvrage sur le Haut-Rhône.

à la hauteur de Brangues, en 1607 et 1690, le Rhône dessinait un double méandre de grande ampleur. La rupture se serait produite entre 1690 et 1766, dans un processus exceptionnel de destruction d'un style à méandres par la progression d'un style tressé. Il reste aujourd'hui ce qu'on appelle «la Morte du Saugey», un superbe bras mort du fleuve en forme de fer à cheval, formation qu'on appelle «oxbow lakes». D'autres «mortes» de cette forme existent comme le méandre de Buffières dans la plaine de Serrières et celui du Grand-Gravier à l'aval du confluent de l'Ain. Mais regardez attentivement une carte du fleuve et vous y découvrirez d'autres méandres en fer à cheval.

Le Rhône s'est beaucoup baladé aussi à son coude au confluent du

Guiers. Là, il empruntait la vallée morte de Veyrins en contournant la butte des Avenières. Le Guiers aurait accumulé des alluvions en cet endroit et, au septième siècle, finit par dévier le Rhône vers le nord aux pieds du Bugey en laissant à l'emplacement de son ancien lit, le Grand-Marais des Avenières et la plaine du Bouchage. C'est dans ce secteur que s'est créé un parc de loisirs aquatiques. Cette vallée des Avenières conserve encore les traces des méandres abandonnés dont les rives accueillaient des pêcheurs. Le Rhône d'alors, avec son lit unique devait être favorable aux Nautes et Ratarii (conducteurs de radeaux) qui faisaient peut-être escale à l'antique Aoste (le «forum d'Auguste»), village aujourd'hui éloigné du fleuve.

Ainsi, cinquante années avant Jésus-Christ, les villes de Lyon, Vienne, Grenoble, Arles s'étaient installées dans le lit majeur du fleuve ou de la rivière. Cent cinquante années plus tard, de violentes crues ont envahi ces villes, ce qui explique pourquoi elles furent reconstruites sur d'épais remblais. La fin de l'empire romain voit le Rhône retrouver un régime hydrologique calme. Selon Maurice Champion, chroniqueur de 1856, «la première inondation simultanée du Rhône et de la Loire remonte à l'an 580, et Grégoire de Tours le rapporte en termes précis: «... Le Rhône, qui se joint à la Saône, sortit même de ses rivages, au grand dommage des peuples, et renversa une partie des murs de la ville de Lyon.» Ce fléau, à cette époque, semblait se renouveler beaucoup plus souvent. Grégoire de Tours évoque d'autres années d'importantes inondations, sans citer le nom des rivières (585, 587, 590, 592) pour montrer que la responsabilité en incombait (déjà!) au déboisement...

Maurice Champion retrouve des témoignages de débordements du Rhône en septembre 1226 qui causèrent «des dommages considérables à Lyon; la ville d'Avignon surtout eu grandement à souffrir, ayant été démantelée à la suite du siège qu'elle venait de soutenir contre l'armée royale de Louis VIII, pour la cause des Albigeois.» Ensuite, d'autres grosses inondations se produisirent: 1338, 1356, 1362, 1375, 1408, 1421, 1433, 1471 et 1476. Le seizième siècle ne compte pas moins de dix inondations: juillet 1501, novembre 1544, novembre 1548, 1561, décembre 1570, 1571, octobre 1573, 1578, août 1580, 1590. Celle de 1570 fut épouvantable: «Quoique le pont qui est à Lyon basti sur ceste superbe rivière y soit fort et bien fondé, et basty de bonnes manières, si est que l'eau l'esbranla avec telle violence que quelques arches d'iceluy s'en allèrent avec l'eau...» rapporte un chroniqueur de l'époque, nommé François de Belleforest.

Aux dix-septième et dix-huitième siècle, il faut signaler les crues de novembre 1651, 1669, novembre 1674, 1679, 1694, mars 1706, février 1711, novembre 1745, 1755, janvier 1756, juillet 1758, 1791... Au dix-neuvième siècle: janvier 1801, 1840, (1842, 1844, 1846, 1849 et 1851, dans le midi seulement) et 1856. Les véritables mesures de crue ne commencèrent que pour celle de 1856. Jusque-là, les dates relevées dans les chroniques sont sujettes à caution, certaines crues très localisées pouvant être décrites comme des crues générales du fleuve. En notre siècle qui connaît mieux la mesure des débits, les plus forts ont été notés en décembre 1918, décembre 1923, février 1928, janvier 1936, novembre 1944, février 1945, janvier 1955, février 1957, mai 1983, octobre 1993 et janvier 1994. Seules celles de 1928, 1955, 1957, 1993 et 1994 produisirent des inondations importantes en quelque lieu du fleuve, la crue variant d'intensité selon la pluviométrie de chaque région. On constate que toutes les crues se produisent en automne, hiver et printemps. Depuis le siècle dernier, on ne note jamais de crue d'été sur le Rhône français, contrairement au Rhône suisse. Les crues de juillet et août notées dans les chroniques anciennes sont certainement des crues du Rhône suisse.

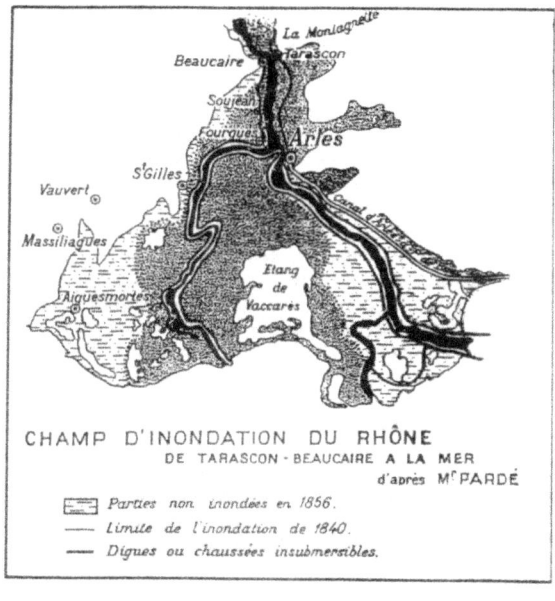

Inondations en Camargue en 1840 et 1856.

En septembre et octobre 1993, et en janvier 1994, le Rhône a connu des crues exceptionnelles, de fréquence cinquantennale pour la crue d'octobre et centennale pour celle de janvier. à cette date, à l'aval de Valence, le fleuve a connu l'une des plus grandes crues de son histoire... Ces crues, intervenues après une longue période de sécheresse, ont été alimentées par la montée des eaux des grands affluents du Haut et du Bas-Rhône, aggravée par celle des rivières cévenoles, particulièrement pour celles de janvier. Ces catastrophes naturelles ont permis de mettre en lumière trois problèmes importants posés par l'usage humain du fleuve.

D'abord, la perte de mémoire des inondations depuis celles, catastrophiques, de 1955 et 1957. Les riverains, ayant oublié ce risque naturel, croyaient en être définitivement préservés. D'où, la détresse de nombre de victimes des eaux.

Ensuite, l'entretien des digues privées, notamment celles de Camargue, a été abandonné. Une partie d'entre elles seulement a cédé sous la pression du fleuve, la plus importante longueur ayant résisté. Ces digues appartenant à des syndicats d'agriculteurs n'étant plus entretenues, la question est posée du financement de cet entretien.

Enfin, on a également oublié le fait que les aménagements de la C.N.R. ont préservé certaines zones d'expansion des crues, nécessaires pour que le fleuve sorte de son lit, là où on le veut, et reste dans son lit ailleurs, notamment dans les villes. Rappelons-nous, ce fut déjà la philosophie de la loi du 25 mai 1858 qui interdisait toute modification des réservoirs naturels d'expansion des crues situés à l'amont des agglomérations. Les usagers de ces terrains inondables n'y pensaient plus depuis 1957, d'autant plus que les aménagements de la C.N.R., intervenus depuis, ont rendu les inondations plus rares mais, on l'a vu, encore bien réelles.

Ces crues de 1993 et 1994 ont donc posé trois questions qui doivent faire l'objet d'arbitrages de l'Etat: celle de l'entretien des digues, celle de l'extension des surfaces d'épandage des inondations et celle de la vigilance des riverains.

DEBITS DES CRUES
(en mètres cube par seconde)

	1840	1856	1993	1994
Lyon- Ternay			4400	3500
Valence		8300	6700	5400
Beaucaire	13000	12500	9800	11000

Toutes ces crues ne furent pas sans conséquences sur le tracé du fleuve. En 1711, le Rhône change de bras au niveau de son delta, en Camargue, et abandonne son lit, «le Bras de fer» pour son lit actuel du Grand-Rhône. Plus près de nous, en 1856, la crue fait changer Vallabrègues de rive. Son apport de sédiments sur la partie est du delta a éloigné la tour de Port-Saint-Louis-du-Rhône de neuf kilomètres du bord de la mer, alors qu'elle s'y trouvait au dix-huitième siècle. Enfin, nous verrons, dans le chapitre sur les Saintes-Maries, comment le chanoine Mazel décrivait les différents Rhône de la Camargue.
Monde mouvant que celui du fleuve...

UNE RICHE NATURE ENCORE BIEN PRESENTE

Milieu humide complexe, le fleuve abrite une variété importante d'espèces animales et végétales. Il coule le plus souvent dans son lit majeur et abrite là les espèces habituées à la présence de l'eau toute l'année. Son lit majeur, puisque, comme nous l'avons vu, il s'est développé en tresses, comprend nombre de bras vifs ou morts, appelés lônes dans ce dernier cas. Ces lônes alimentées par la nappe alluviale sont soumises régulièrement au courant du fleuve lors des crues. Les mortes, sont de véritables bras morts, la plupart du temps d'anciens méandres du fleuve datant de l'époque où il possédait un chenal unique. Le fleuve respire avec sa nappe, alimentant celle-ci lors des hautes eaux et se faisant alimenter par elle lors des basses eaux. Voilà donc brièvement décrit l'état naturel du fleuve juste avant ses aménagements: le fleuve médiéval à l'époque de sa physionomie en tresses. Les aménagements ultérieurs, particulièrement ceux de l'ingénieur Girardon datant du siècle dernier, ont donné une autre physionomie au Rhône, contribuant à modifier son paysage. C'est dans ce dernier fleuve que nos vieux riverains voient un Rhône naturel, constitué d'un chenal unique bordé de digues en forme de «carrés», lieux de pêche et d'accès aux berges, de digues longitudinales et d'épis. La deuxième phase a été celle des aménagements C.N.R. qui ont profondément modifié les paysages fluviaux, leur apportant un cachet et une nouvelle complexité, par certains côtés ressemblant à ceux du Rhône en méandres... Nous abordons, en ces années quatre-vingt-dix, la troisième phase que je qualifierais de phase d'équilibre entre le Rhône aménagé et le Rhône naturel. C'est ce qu'on appelle aujourd'hui le fleuve nouveau, concept introduit dans le plan d'action Rhône du comité de bassin. Ce plan ambitieux propose trois grandes lignes d'action pour notre fleuve. Premièrement, il s'agit de retrouver sur les tronçons encore modelables un fleuve vif et courant en établissant, en particulier dans les tronçons court-circuités et les milieux annexes (lônes, contre-canaux), des caractéristiques physiques compatibles avec un développement de leur potentiel écologique. Deuxièmement, le fleuve tout entier verra se restaurer une qualité écologique de haut niveau, tant sur le plan chimique que physique, avec une eau apte à la vie aquatique sous toutes ses formes, des rives et des fonds propices à l'établissement de communautés végétales et animales diversifiées et le rétablissement des possibilités de migration des poissons pour leur permettre une reproduction normale. Troisièmement, le Rhône sera soustrait des pollutions accidentelles susceptibles d'anéantir les efforts accomplis par ailleurs.

Bien qu'endigué et transformé en escaliers d'eau du Léman à la Méditerranée, le Rhône reste un vaste espace naturel. à partir des années 70, des actions importantes ont donné un coup d'arrêt aux aménagements et développé la protection de la nature: arrêt de l'aménagement de Loyettes au confluent de l'Ain, signature par les préfets de nombreux arrêtés de biotope, réouverture d'anciennes lônes, réflexion sur la nécessité de maintenir et développer des champs d'expansion des crues (Miribel-Jonage en amont de Lyon, Chautagne, Printegarde, Barthelasse...) coïncidant parfois avec l'existence de réserves naturelles qui sont créées en nombre plus important, valorisation écologique des reliques du fleuve que sont les tronçons court-circuités, aménagements des écluses pour la remontée des poissons migrateurs comme l'alose et l'anguille, valorisation des berges dans les villes. Après la phase d'hyperaménagement, le fleuve entre, dans les années 80, dans une phase de reconquête de ses espaces naturels.

De nombreuses zones naturelles présentant un intérêt écologique, faunistique ou floristique particulier (Z.N.I.E.F.F.) ont été recensées dans le bassin du Rhône et dans sa vallée. Certaines de ces zones, également réserves naturelles, ont un caractère exceptionnel comme les marais de Chautagne et de Lavours, les îles du Haut-Rhône, les Gorges de l'Ardèche, l'île de la Table Ronde, île de la Platière, Printegarde et la Camargue... Enfin, des réserves naturelles importantes jalonnent le cours du Rhône jusqu'à la Camargue, la plus importante d'entre elles. Du delta de la Dranse au bord du lac Léman, vaste delta d'alluvions, de bras et d'îles, abri d'oiseaux et de reptiles, en passant par le marais de Lavours, unique en Europe, l'île de la Platière, caractéristique de la variété des milieux fluviaux faits d'eaux courantes et dormantes, de bras et d'îlots, dont la forêt est une véritable jungle, jusqu'à la réserve de Camargue, les sites protégés sont en nombre important. Beaucoup sont équipés d'observatoires, de sentiers sur pilotis et de caméras vidéo fixes qui permettent d'observer la vie de la nature sans la déranger. Parfois, ces sites sont menacés, comme l'île de la Platière qui est lentement asséchée par le pompage excessif de l'eau de la nappe par les usines chimiques implantées aux alentours. Il faut donc réalimenter les lônes et les bras morts en eau... D'autres espaces constituent des lieux importants de préservation des espèces, comme les réserves de chasse et de pêche, très nombreuses le long du fleuve.

Le Chevreuil reste très répandu et en expansion dans toute la vallée mais surtout sur le Haut-Rhône. Il fait d'ailleurs l'objet de plans de chasse. La Loutre, autrefois abondante et devenue très rare depuis le début du siècle, surtout à partir des années 60, existe néanmoins dans plusieurs stations de peuplement: Haut-Rhône, Drôme, Printegarde, Rhône méridional, Durance et quelques affluents rive droite. Sa raréfaction semble due au piégeage, à l'artificialisation du milieu naturel, au recalibrage des cours d'eau, à la pollution des fleuves et à la fréquentation des berges. Le Castor, rongeur végétarien qui se nourrit des pousses de saules de la vorgine, a failli disparaître totalement vers la fin du dix-neuvième siècle. Les causes en sont la chasse d'abord pour sa fourrure et le castoréum (produit de ses glandes à musc utilisé en pharmacopée) et, ensuite, la destruction de son milieu de vie par la rectification, les endiguements, barrages et usines sur les cours d'eaux. Les arrêtés préfectoraux de protection datant de 1909 se sont avérés insuffisants. Dès 1965, une campagne de réintroduction fut développée sur deux secteurs: dans la vallée du Rhône entre Lyon et le confluent avec l'Ain, et en Savoie. Au bord du fleuve, le Castor est présent dans les espaces naturels protégés au sud de Lyon. Il vit bien dans les tronçons court-circuités et, comble d'ironie, dans les milieux les plus artificiels qui soient, les contre-canaux des aménagements de la C.N.R. où ils construisent des barrages pour créer des plans d'eau. Le Rhône reste donc le milieu type du Castor. à partir du fleuve, il pénètre peu dans les affluents, sauf en basse Durance et dans l'Ardèche. Les affluents de la rive droite sont souvent de caractère trop torrentiel et les autres sont canalisés, endigués, et ne possèdent pas, ou plus, la vorgine, base de la nourriture du Castor. D'autres mammifères sont devenus les animaux typiques du fleuve comme les Rats musqués et Ragondins (ou Myocastors), animaux américains acclimatés sur les rives du Rhône. L'implantation du Ragondin serait due à l'élevage intensif que l'on développait pour sa fourrure sous le nom de Castor du Chili. Cet élevage industriel date de 1930. D'autre part, dans la même période on en a lâchés volontairement pour limiter la végétation dans certains secteurs. Aujourd'hui, le Ragondin est présent dans tout le bassin du Rhône, comme dans celui de la Loire et de la Garonne. L'existence du Rat musqué dans notre pays semble avoir la même origine que celle du Ragondin. Sa prolifération pose aujourd'hui de graves problèmes dus aux terriers qu'il creuse dans les digues et barrages et qui causent parfois leur effondrement.

Les oiseaux nicheurs et migrateurs vivent en très grand nombre sur les berges et au bord du fleuve. Si le Râle des genêts est en régression dans le marais de Lavours, le Héron cendré, lui, est en nette progression partout. On voit souvent un Héron voler entre deux sites de pêche, ses très grandes ailes battant lourdement l'air, très affairé à rentrer son cou en S entre ses épaules, ses pattes dressées droites horizontalement sous sa queue. Les sites aquatiques nombreux constituent des lieux idéaux d'hivernage pour les oiseaux migrateurs. Certains de ces sites sont d'importance nationale comme le lac Léman, le lac du Bourget, la retenue du barrage de Donzère-Mondragon sur le fleuve et, bien sûr, la Camargue. Citons aussi sur le Rhône: la retenue de Brégnier-Cordon, le barrage de Motz, Miribel-Jonage, la vallée du Rhône dans les départements de l'Isère et de l'Ardèche, le confluent avec l'Isère, celui avec la Drôme (Printegarde), l'île de la Barthelasse.

Des milliers d'oiseaux hivernent sur le Rhône: Canard Colvert, Sarcelle d'hiver, Canard Chipeau, Garrot à l'oeil d'or, Nette rousse, Fuligule milouin, Fuligule morillon... En Camargue, on rencontre le Flamant rose, le Bruant des roseaux, la Fauvette aquatique, le Busard des roseaux, le grand Butor, la Cigogne blanche et le Héron garde-boeuf récemment installé ici.

Le Martin-pêcheur jette son éclat bleu en volant au-dessus de l'eau à la recherche de sa nourriture: le frétillant poisson. Le Héron bihoreau, plus petit que le Héron cendré et la blanche Aigrette surveillent également le poisson pour l'attraper. Le Milan noir, plane parfois très haut, ses larges ailes coudées étalées devant sa longue queue échancrée. Il se nourrit de poissons morts et s'en va en hiver vers des contrées plus chaudes. Le Balbuzard se jette sur le poisson en se laissant tomber de haut et le saisit de ses serres acérées.

Oiseaux hivernants en Rhône-Alpes sur le fleuve

Oiseaux	Haute vallée du Rhône	Basse vallée du Rhône
Canard Colvert	558	1058
Sarcelle d'hiver	481	63
Canard chipeau	11	64
Garrot à l'oeil d'or	25	-
Nette rousse	102	-
Fuligule milouin	3758	3634
Fuligule morillon	7189	1523

(Source DIREN)

PARTIES DE PÊCHES

Le fleuve est également riche en poissons, bien plus sur le Haut-Rhône qu'en aval de Lyon. Ombre, Barbeau, Goujon, Truites, Vairon peuplent encore le Haut-Rhône, accompagnés des espèces également présentes sur le Bas-Rhône: Rotengle, Gardon, Ablette, Carpe, Brème, Tanche, Hotu, Brochet, Sandre, Perche, Perche-soleil et pardonnez-moi si j'en oublie, mais je ne cite que ceux que j'ai eu l'occasion de pêcher un jour ou l'autre. Il en est d'autres qui ne sont pas d'ici et qui ont été plus ou moins adaptés après leur introduction volontaire ou non: le Poisson-chat avec ses trois pointes au bout de ses nageoires avant et qui ne devient jamais aussi gros qu'en Amérique d'où il a été importé, le Black-bass qui a pratiquement disparu de nos eaux, ayant eu certainement du mal à s'adapter. Mais, il y a d'autres poissons que nous pêchions encore dans les années soixante et qui ne remontent plus jusqu'à nous, ce sont les migrateurs. L'Anguille d'abord qui passe difficilement les barrages et usines-écluses et surtout la «sardine», surnom donné à l'Alose au museau trapu et aux écailles brillantes qui ne remonte pas plus haut que Vallabrègues alors qu'on la pêchait au siècle dernier jusqu'en Haute-Saône! Elle mérite bien ce surnom d'ailleurs, puisqu'elle fait partie de la famille des sardines. Le plan Rhône prévoit d'énormes investissements pour permettre la remontée de ces poissons migrateurs. On s'est aperçu que dans des conditions données, l'Alose pouvait utiliser les écluses pour remonter. Il suffit d'aménager ces écluses pour créer ces bonnes conditions. D'autres espèces de poissons ont disparu de notre fleuve: la Lamproie et l'Esturgeon que l'on pêchait encore au début du siècle... Une pêche professionnelle très réduite existe encore sur le fleuve. Le recul de la pollution et, par conséquent, le retour d'une qualité écologique de haut niveau, la verra sans doute se développer à nouveau.

La dernière fois que je suis allé pêcher avec mon ami Georges Millon dans la lône de l'île de La Platière, il avait beaucoup plu. C'était en septembre 1995. Lorsque la pluie est violente et abondante en amont, l'Arve, premier affluent du fleuve à sa sortie du lac Léman, apporte sa signature laiteuse à l'ensemble du fleuve jusque loin en aval de Lyon. C'était le cas ce jour-là : la lône présentait une eau laiteuse des sédiments calcaires arrachés à la montagne par l'Arve et apportés jusque-là. Cette poudre blanche donne au fleuve à Bellegarde-sur-Valserine cette couleur émeraude-laiteux caractéristique du Rhône dans cette région. On voit bien que le caractère glaciaire du fleuve le marque tout au long de son cours. Ce jour de fin d'été, nous avons pêché de nombreux poissons-chats, suffisamment gros pour être mangés. C'est très bon: il faut leur couper la tête juste après les trois nageoires munies d'épines cruelles, et, à l'aide d'un chiffon, attraper la peau noire et tirer pour écorcher le muscle puissant de la bête. Il vous reste alors un superbe filet rose que vous pouvez frire ou préparer en matelote. La touche du poisson-chat n'est pas très franche. Il faut veiller à ferrer assez tôt pour éviter d'avoir à exercer une véritable opération chirurgicale pour extraire l'hameçon que la petite bête a alors avalé profondément... Le gros va tirer très fort, mais sans risque de casse. Lorsqu'on le sort de la surface brillante du miroir de l'eau, il proteste en giflant sa tête avec sa queue pour faire un cercle noir alternativement d'un côté et de l'autre. Attention aux trois épines des ses nageoires qui le vengeront inutilement en vous perçant la paume des mains si vous n'y prenez pas garde en le saisissant. Le gardon mord plus franchement et se bat moins au bout de la ligne. Il n'est jamais très gros hélas. La tanche, magnifique poisson des profondeurs, mâchonne longtemps l'appât avant de s'en aller tranquillement en le serrant entre ses lèvres cornées. On ferre à tout hasard et puis on est surpris de la résistance opiniâtre de la bête. Elle tire très fort et très longuement sur la ligne. Cette fois, j'étais monté très fin, un fil de dix centième avec un hameçon de dix-huit: gare à la casse. Mon ami Jojo se précipite avec le filet et moi, je fatigue longuement la bête, l'excitation au ventre de ne pas la laisser s'échapper. Après de longues minutes durant lesquelles la Tanche tire au fond de droite à gauche, sa grande fatigue me laisse le loisir de la remonter à la surface et mon compagnon la sort de l'eau grâce à l'épuisette: belle bête au ventre jaune et au dos noir qui sera dégustée le soir même, cuite au court-bouillon, sans le moindre goût de vase. Et puis il y a eu des Brèmes bossues. Velléitaires au ferrage, elles tirent sur le fil d'un long coup brutal et si on ne résiste pas trop pour éviter la casse, elles cèdent vite a l'appel ferme du bras du pêcheur en se laissant remonter couchée sur le côté à plat sur la surface de l'eau. Quand on la saisit, elle laisse dans les doigts une bave glaireuse. Pleine d'arêtes, elle peut se manger au court-bouillon après l'avoir trempée douze heures dans de l'eau et du vinaigre aromatisé. On peut aussi la mettre au four, le ventre bourré d'oseille et arrosée de vin blanc. Mon compagnon en a pêchée une énorme que je lui ai sortie avec l'épuisette. Il y a eu aussi quelques Ablettes... J'ai essayé la pêche au vif, mais maître Brochet ne s'est pas laissé tenter. Un grand plaisir de chasseur qui ne m'a pas été offert ce jour-là. Lorsque le brochet attrape le vif fixé par le dos au montage comprenant un gros bouchon, une olivette en plomb et un hameçon double attaché à un fin câble d'acier, il se précipite sur lui en le saisissant en travers de son large bec corné. Si on ferre à ce moment-là, c'est perdu: l'hameçon glissera sur la corne de la gueule dentée et le gros prédateur fuira. Il faut attendre, rongé par l'impatience, laisser partir le fil derrière le bouchon qui s'est enfoncé d'un gros "flop"! Attendre que le gros poisson rentre chez lui, dans son antre, et avale le vif, fruit de sa chasse, croit-il, pour que l'hameçon se trouve placé alors dans sa gorge aux chairs tendres. C'est à ce moment qu'il faut ferrer d'un mouvement ample de la canne pour accrocher irrémédiablement le monstre. En moulinant lentement mais sûrement, ne vous fiez pas à votre impression de tirer une grosse branche inerte, c'est bien le fauve que vous amenez à la berge! à la surface de l'eau, en apercevant le pêcheur, il donnera un ultime coup de queue violent: gare à la casse et à la déception. Une fois hors de l'eau, éviter de mettre le doigt dans sa gueule pour aller enlever l'hameçon au fond de sa gorge même s'il ouvre, semble-t-il, béatement la gueule. En claquant du bec il vous blesserait cruellement...

Lors de cette partie de pêche, nous avons rencontré un agriculteur qui nous a parlé de son amour du fleuve d'antan, expliqué comment la pêche était une ressource alimentaire irremplaçable pendant la guerre, avoué ses piratages dans les lônes avec la grande «couble», énorme filet quadrangulaire qui ratissait tous les poissons du sauvage plan d'eau...

Les pêches sont agréables sur le fleuve Rhône. Bien sûr, avec les aménagements, la diversité des espèces a baissé. On trouve toujours de tout dans le fleuve puisque la complexité de l'ensemble du bassin fait qu' «il pleut véritablement des poissons de l'amont vers l'aval», comme le dit un chercheur. Mon ami Jojo, s'est rendu au bord de la même lône quelques jours plus tard et a fait une pêche totalement différente: peu de poissons, mais de petits Black-Bass, devenus bien rares aujourd'hui. N'étant pas à la maille», il les a rejetés au fleuve. La Brème et le Gardon s'imposent dans le Bas-Rhône et l'Ombre devient de plus en plus rare sur le Haut-Rhône.

Potentiel ichtyologique du Rhône

Liste et abondance des espèces notées sur divers tronçons depuis 1975 jusqu'en 1986

Pourcentage moyen en nombre d'individus d'une espèce par rapport à l'ensemble des espèces.
(X: inférieur à 1% - XX: 1 à 5% - XXX: 6 à 10% - XXXX: supérieur à 10%)
(Tableau page suivante)
Source: Agence de l'eau

	Génissiat à Brégnier-Cordon	Loyettes à Lagnieu	Canal de Miribel	Pierre Bénite - Roussillon	Montélimar - Donzère	Vallabrègues - la mer
Lamproie	x				x	
Blennie	x		x		x	
Ombre	x	x	x			
Vairon	xx	x	xx			
Lotte	x	x	x	x		
Chabot	x		x	x	x	
Blageon	xx	x	xx		x	
Toxostome	x	x	x		x	
Epinoche	x	x	x	xx	x	
Loche	xx	x	xx	xx	x	
Vandoise	xxxx	xxxx	xxx	x	xx	
Truite arc en ciel	x	x		x	x	x
Carpe	x	x		x		xx
Brème bordelière	x	x		xx	x	x
Grémille	x	x	x		x	x
Truite commune	xx	xx	x		x	x
Spirlin	xxx	xxxx	xx		x	x
Brochet	x	xx	x	x	x	x
Tanche	x	x	x	xx		xx
Rotengle	x	x	xx	xx	x	xx
Poisson chat	x	x	x	xx	x	x
Brème commune	x	x	x	xx	x	x
Perche	xx	xx	xx	xx	xx	x
Perche soleil	x	x	x	xx	xxx	xx
Goujon	xxx	xx	xxx	xx	x	xx
Anguille	x	x	xx	x	xxxx	xxxx
Barbeau	xxx	xxx	xxx	xx	xx	xx
Hotu	xxx	xxx	xxxx	xx	xx	xxx
Gardon	xxxx	xxx	xx	xxxx	xxxx	xxxx
Chevesne	xxxx	xxx	xx	xxxx	xxxx	xxx
Ablette	xxx	xxxx	xxxx	xxxx	xxxx	xx
Sandre		x	x	x		
Carassin		x		x		
Apron			x	X		
Black-Bass					X	
Silure				x	X	
Gambusie						x
Mulet						xx
Total	32	30	28	23	30	23

On note bien, à partir de Lyon, une baisse importante du nombre d'espèces présentes, baisse due aux pollutions de l'agglomération, puis une remontée de ce nombre grâce à l'autoépuration du fleuve. Il ne faut pas se fier aux apparences de ce tableau qui semble montrer une grande diversité d'espèces, alors que la plupart d'entre elles ne sont présentes qu'à moins de 1%...

Diverses espèces de reptiles sont également présentes, les plus courants bien sûr, mais aussi la tortue Cistude très rare, mais existante dans certains sites fluviaux du Haut-Rhône. Ne pas la confondre avec la tortue de Floride qui a fait l'objet de nombreux lâchers de particuliers voulant se débarrasser de la bestiole qu'ils avaient achetée petite et qui est devenue encombrante..

Si vous voulez avoir une (vague) idée du paysage fluvial naturel d'antan, postez-vous sur les hauteurs d'un tronçon court-circuité du fleuve, par exemple celui de Vernaison. Vous y verrez une forêt épaisse qui cache complètement le cours du fleuve. La ripisylve reconquiert cet espace. Cette forêt alluviale est composée de plusieurs sortes de Peupliers et de Saules qui lâchent leurs cotons du mois de mars (pour le Saule Marsault) au mois de mai (pour le Peuplier noir), d'Aulne (les vernes), d'Ormes, de Frênes. La vorgine, végétation de berge, étant surtout composées de pousses de Saules et de Peupliers. Cette véritable jungle est rendue impénétrable par le développement d'un fouillis végétal grimpant et buissonnant comme la Clématite (dont la liane se fume lorsqu'on est jeune et qu'on n'a pas d'argent pour acheter des cigarettes, mais ce n'est vraiment pas bon!), l'Aubépine, Bourdaine, Viorne Obier, Troène, Cornouiller, Fusain... Et puis sur les parties sèches et ensoleillées des digues on trouve l'Onagre, l'Immortelle des sables etc... C'est que le fleuve éparpille tout le long de son cours les graines des plantes qui s'étalent ainsi. Des plantes importées envahissent certains lieux comme le Polygonum ou la Renouée du Japon. On admire aussi sur les sites calcaires des berges des Orchidées et parfois une fougère rare appelée Langue de serpent. Un jour de juin, dans le secteur de Lavours et Chautagne, j'ai pu voir l'Utriculaire et le Drosera, plantes carnivores et de nombreuses orchidées, soit sous le couvert des bois, soit sur les terres rapportées de l'aménagement de la C.N.R.: Ophrys abeille et araignée, Orchis tacheté, Listera, Orchis vanillé et Céphalanthère... Le centre d'observation de l'île du Beurre a organisé une exposition (en 1995) sur les orchidées du fleuve. On peut y admirer, entre autres: Epipactis helleborine, Orchis simia, Ophrys sphegodes et quelques hybrides rares. On a même découvert une espèce nouvelle: Epipactis fibri. Tout cela est bien contradictoire avec l'image négative que donnent les médias sur le fleuve Rhône. Il suffit de se promener à l'écart des villes et des autoroutes pour rencontrer la vraie nature du fleuve.

 Les aménagements de la compagnie nationale du Rhône ont créé des milieux sans intérêt écologique comme les canaux de dérivation, mais d'autres milieux restent intéressants comme les tronçons restés «naturels», les lônes préservées, les tronçons court-circuités et les contre-canaux des aménagements.

D'autre part, l'écologie entre dans une nouvelle phase. Après avoir été la science qui étudie les équilibres naturels et l'impact de l'homme sur eux, elle devient la science de la restauration de ces équilibres. C'est l'émergence de «l'écologie de la restauration», comme le souligne Christophe P. Henry dans sa thèse qu'il vient de présenter à l'université Claude Bernard à Lyon en juillet 1995, intitulée: «des perturbations à la restauration des écosystèmes aquatiques». Howard T. Odum a défini pour la première fois l'écologie de la restauration ou «génie écologique» au début des années soixante comme « les cas où l'énergie fournie par l'homme est faible par rapport aux sources naturelles, mais suffisante pour produire des effets importants sur les mécanismes et processus résultants « et comme «une manipulation de l'environnement par l'homme, utilisant une faible quantité d'énergie, pour contrôler des systèmes où l'énergie principale provient toujours des sources naturelles.» Voilà donc l'espèce humaine engagée dans une nouvelle aventure, jugée tabou par certains intégrismes écologistes, mais certainement passionnante. La thèse dont il est question ici a consisté à étudier la restauration d'une lône qui souffrait gravement d'eutrophisation. Il a fallu d'abord décaper la couche de sédiments organiques fins colmatant le chenal et enlever les bois morts du lit pour mettre à nu le substrat de graviers, ce qui permet à l'eau de la nappe de rétablir une circulation avec celle de la lône. Parallèlement, la ripisylve dut être conservée pour l'autoépuration des eaux et maintenir l'ombrage empêchant la prolifération des algues. L'isolement direct de la lône vis-à-vis de son fleuve fut maintenu pour la tenir à l'abri de l'eau du Rhône trop riche en nutriments et en matières en suspension. Les scientifiques ont également décidé de maintenir quelques plages non perturbées devant permettre, après restauration, une recolonisation rapide par la faune et la flore, notamment par la constitution d'herbiers favorables au frai des brochets. Cet exemple passionnant permet d'envisager un avenir pour un Rhône nouveau. Le passé étant le passé, l'écologie y puisera les connaissances pour aménager un nouvel équilibre naturel. Après les aménagements hydrauliques, peut-on envisager l'avenir à la lumière d'aménagements, de restaurations écologiques? La compagnie nationale du Rhône, l'Agence de l'eau et les services de la navigation pourront s'employer à mettre en actes cet avenir avec l'aide des riverains et de leurs associations.

POLLUTION ET DECHETS

Une autre fonction naturelle d'un fleuve est de transporter des déchets. Cette fonction, l'homme a su très tôt s'en servir. Aujourd'hui, elle risque de prendre des proportions qui mettent véritablement en danger la nature. Mais ne dramatisons pas, la situation n'est pas catastrophique en ce milieu des années quatre-vingt-dix et les prévisions sont optimistes.
Le Rhône est soumis, il est vrai, à une pression humaine considérable de la part des 2,5 millions d'habitants qui vivent en son bord et qui l'utilisent pour différents usages: eau potable, irrigation, pêche, loisirs, baignade, production industrielle, évacuation des eaux usées, navigation et production électrique.
De vastes concentrations d'usines chimiques, de grandes agglomérations humaines, six sites nucléaires d'une puissance électrique de 15 mille MW, dix-neuf aménagements hydroélectriques qui court-circuitent 166 kilomètres de fleuve. Il y a de quoi faire pour le fleuve... Trois départements lui apportent l'essentiel de la pollution industrielle: le Rhône, l'Isère et les Bouches-du-Rhône.
Un Réseau national de bassin (R.N.B.) mesure mensuellement (ou annuellement pour certains cours d'eau) un certain nombre de paramètres polluants sur le fleuve et ses affluents en des points fixes prédéterminés. Mais, ces mesures ne sont pas complètement fiables, car trop ponctuelles dans le temps et dans l'espace. Certaines mesures en continu devraient être effectuées.
La qualité de l'eau reste bonne pour le Haut-Rhône et moyenne pour le Bas-Rhône. Cette mauvaise qualification est due aux apports polluants de l'agglomération lyonnaise qui pollue encore le fleuve à

raison de près de deux millions d'équivalents-habitants, malgré l'existence de neuf stations d'épuration de la communauté urbaine de Lyon. Le tronçon aval de Lyon est le plus pollué. C'est dans ce secteur également que les micropolluants sont les plus présents dans les sédiments. Cette pollution toxique se retrouve à l'embouchure dans les moules et sédiments marins.

VIDANGES DE BARRAGES

Les barrages de retenue du Haut-Rhône nécessitent une vidange régulière, ce qui ne va pas sans poser de graves problèmes aux équilibres écologiques du fleuve. Jusqu'en 1968, date de la mise en service de la station d'épuration de Genève, tous les égoûts de cette grande ville apportaient une énorme pollution organique au fleuve qui voyait ainsi s'accumuler en amont du barrage de Verbois 30 000 tonnes par an de sédiments organiques qui fermentent à l'abri de l'air. La vidange apporte alors une forte pollution en DBO5 (demande biologique en oxygène) qui détruit l'oxygène dissous dans l'eau et un flux d'ammoniaque (NH4), toxique qui se répand loin en aval de Lyon. L'épuration des eaux usées de Genève a amélioré la situation, mais elle reste très préoccupante. En 1975, on a observé le comportement panique des poissons à l'arrivée de la nappe de pollution. Ils fuyaient l'onde de pollution en se réfugiant dans les affluents. En 1978, date d'une vidange de barrage historique, on a constaté une réduction de 60 % de la densité piscicole. Cette pollution est également différée, car une partie est adsorbée par les sédiments et rechargée dans l'eau lors des crues. En 1974, lors de la crue de fin juin, on démontra que le Rhône déversa dans le lac du Bourget 12,6 tonnes de NH4, soit 48% des entrées annuelles dans le lac. Rappelons, pour mémoire, que l'effluent de la station d'épuration des eaux du bassin versant du lac du Bourget se déverse dans le Rhône après avoir traversé la montagne appelée Dent-du-Chat. La fragilité de l'équilibre écologique du lac ne pouvait supporter un tel effluent même épuré. Le Rhône doit pouvoir l'accepter lui...

Divers essais ont été tentés pour assurer la vidange des barrages en continu. Je livre ici le témoignage d'une personne ayant participé à un tel essai. «On devait extraire la vase déposée devant la vanne de vidange du barrage de Génissiat. Il a fallu nettoyer le fond jusqu'à soixante-dix mètres en amont du barrage. On recrachait dans les turbines la vase qu'on aspirait au fond. La technique utilisée était la suivante: à partir d'un ponton, on a descendu morceau par morceau un gros tube évasé en bas, accompagné de deux autres canalisations plus petites pour envoyer de l'air comprimé. Cet air expulsait la vase dans le gros tuyau et le tout remontait à la surface. On avait descendu au fond un petit bulldozer télécommandé qui poussait la vase qu'on aspirait. Ce travail était risqué, car le niveau de l'eau variait brutalement de quatre à cinq mètres!»

Aujourd'hui, la C.N.R. a fait un choix qui permet de modérer considérablement l'impact de telles vidanges en faisant transiter la charge polluante par les canaux de dérivation uniquement, les barrages bloquant tout écoulement vers les tronçons court-circuités qui ne sont alimentés pendant ce court laps de temps, que par la nappe phréatique et donc mis à l'abri de la pollution.

POLLUTIONS ACCIDENTELLES

De nombreuses pollutions accidentelles, toutes causées par l'industrie chimique, ont contribué à la mauvaise réputation, injustifiée, du fleuve Rhône. J'ai pu en dresser une liste presque exhaustive.

Le samedi 10 juillet 1976, à l'intérieur de l'usine PCUK de Pierre-Bénite (aujourd'hui ATOCHEM) un ouvrier se trompe et rince un wagon plein d'acroléïne, produit extrêmement dangereux qui se déverse dans le fleuve: 360 tonnes de poissons morts. La justice punira l'entreprise le 7 novembre 1977 en condamnant le directeur à un mois de prison avec sursis. Pendant plusieurs années, cette usine donnera lieu à des pollutions diverses et accidents. Grâce à l'opiniâtreté du personnel, des riverains et de la commune, cette entreprise qui fabrique les HFA, substituts aux CFC, est aujourd'hui performante. Il est à noter que la date du 10 juillet 1976 est aussi celle de la grave pollution de Seveso, en Italie, pollution qui donnera lieu à la Directive européenne du même nom et à la législation française qui l'applique, notamment la loi de 1987.

En septembre 1982, 60 tonnes de poissons morts, tués par une pollution importante, encombrent le fleuve. Les usines Rhône-Poulenc de Saint-Fons déclarent immédiatement aux services des installations classées qu'elles ont déversé des eaux-mères d'hydroquinone comme elles étaient d'ailleurs autorisées à le faire. Plaintes sont déposées contre l'entreprise. L'action en justice n'aboutit pas, car il ne peut être prouvé que la mortalité des poissons est due à ces eaux-mères. D'ailleurs, il faut noter qu'à l'heure d'aujourd'hui, les services de l'état n'ont toujours pas réglé une question budgétaire bureaucratique permettant de faire analyser immédiatement les poissons en cas de mortalité. A suivre...

En juin 1985, un incendie fait rage aux usines Rhône-Poulenc de Péage-de-Roussillon. Un hangar de stockage de la pyrocatéchine, produit voisin de l'hydroquinone, est la proie des flammes. Les pompiers ne peuvent utiliser la mousse pour combattre l'incendie et arrosent copieusement d'eau qui dissout le produit et l'emmène au fleuve. 60 tonnes de poissons tués. Ici, l'action en justice fut plus complexe, l'exploitant mettant en avant la force majeure. Mais, la cour d'appel de Grenoble le condamne pour pollution.

Enfin, en mai 1993, une grave pollution avec mortalité de poissons se produisit à hauteur de Saint-Pierre-de-Boeuf. L'origine de cette pollution est encore inconnue, l'action en justice se poursuivant. Néanmoins, un certain nombre de constatations peuvent être faites. à cette époque, le débit du Rhône était faible, environ 400 mètres cube par seconde. L'eau était chaude et le temps orageux. Par malchance, une importante station d'épuration de l'agglomération lyonnaise située à quelques dizaines de kilomètres en amont était arrêtée pour travaux ayant pour but d'améliorer son épuration. Un Rhône fatigué, pollué par une grosse agglomération ne résista certainement pas aux pollutions toxiques d'entreprises situées dans les parages. La justice tranchera...

Tous ces accidents ont permis de tirer les leçons de l'état de négligence dans lequel l'exploitant laissait ces entreprises de la chimie. Des mesures importantes sont prises: meilleure surveillance des effluents, mise en place d'énormes réservoirs de rétention des eaux en cas d'incendie et projets de station de prévention et d'alerte contre les pollutions accidentelles. Une station de ce type existe au nord-est de Lyon pour surveiller le fleuve en amont des captages d'eau potable de la Communauté urbaine situés à Crépieux-Charmy. Cette station est complétée par une usine de production de secours et des aménagements hydrauliques de rupture de liaison directe entre le fleuve et la nappe. Une autre station d'alerte est en voie d'installation en aval pour protéger les captages de l'Île -du-Grand-Gravier qui alimente en eau potable les Monts-du-Lyonnais et ceux du méandre de Chasse-sur-Rhône qui alimentent les communes du sud du département du Rhône. Ces stations analysent en continu les eaux du fleuve afin de mesurer l'arrivée d'une éventuelle pollution et, dans le même temps stockent des échantillons automatiquement prélevés afin de réaliser éventuellement des analyses approfondies. En cas d'alerte, les pompages d'eau potable sont immédiatement arrêtés et, si possible, le niveau du fleuve baissé grâce aux interventions de la C.N.R afin que l'eau polluée du fleuve n'entre pas dans la nappe, mais que celle-ci alimente momentanément le Rhône. L'alimentation en eau potable est assurée par les réserves durant la courte période pendant laquelle la pollution passe. Les échantillons permettront de découvrir le coupable. Les analyses en continu de certains paramètres polluants du fleuve sont utiles pour déterminer avec précision les flux de pollution apportée en Méditerranée.

J'espère que notre fleuve ne verra plus ses eaux polluées accidentellement.

Joutes rhodaniennes ; méthode givordine (dessin G. Millon).

USINES NUCLEAIRES

La vallée du Rhône français abrite de nombreuses usines nucléaires. Les centrales thermiques nucléaires d'abord, avec le prototype industriel surrégénérateur de Creys-Malville et les quatre tranches (chaque réacteur est appelé «tranche» par EDF) du Bugey, en amont de Lyon, et, en aval, les deux tranches de Saint-Maurice-l'Exil, les quatre tranches de Cruas et de Tricastin. La plupart d'entre elles utilisent l'eau du fleuve pour refroidir la vapeur qui sort des turbines.

Seules celle du Bugey et de Cruas utilisent partiellement des aéroréfrigérants, ces hautes tours hyperboliques qui lancent vers le ciel des beaux panaches de vapeur. L'une de celles de Cruas exhibe une magnifique fresque visible à partir de l'autoroute A7. Les deux réfrigérants de Tricastin, également parfaitement visibles à partir de l'autoroute A7, ne servent pas à la centrale nucléaire, mais à l'usine d'enrichissement d'uranium située à côté. C'est l'un des trois complexes nucléaires de la vallée. Les deux autres sont situés non loin de là, à Pierrelatte et à Marcoule. Ce ne sont pas des centrales électriques, mais des usines de fabrication et de traitement du combustible nucléaire et des centres de recherche.

Le fleuve Rhône met ainsi son puissant débit au service d'une industrie de pointe. Le complexe industriel le plus polluant au niveau de la radioactivité reste celui de Marcoule. Il y a quelques temps, les effluents radioactifs étaient déversés dans le Rhône par une installation complexe qui l'éparpillait au fond du lit. Cet effluent était, au préalable, traité dans une station d'épuration chimique. La pollution du fleuve, bien qu'acceptable selon les autorités, était importante. Aujourd'hui, le centre de Marcoule utilise un autre procédé d'épuration: l'effluent liquide est évaporé dans une usine spéciale et le résidu solide est conditionné de manière rigoureuse pour être stocké dans des laboratoires spéciaux. La pollution radioactive a donc considérablement diminué. Les autres installations, étroitement surveillées sur le plan de la radioactivité, ne présentent pas les mêmes effets polluants.

4) Le fleuve et les hommes

L'histoire du fleuve est inséparable de celle des hommes, de leurs sociétés et civilisation. On l'a vu, il joua et joue encore un rôle économique. La navigation engendra une catégorie sociale prestigieuse: les mariniers. Ils étaient des hommes fiers et audacieux, maîtres d'eux-mêmes, comme ils s'étaient rendus maîtres du fleuve. De bons lurons au visage bruni par le soleil, entièrement vêtus de velours, «la braillon à poun-levis», le chapeau ciré crânement sur la tête, une ceinture de «batafia» autour des reins. Les longs cheveux unis en une tresse et la boucle d'oreille contribuaient à en faire des hommes à part. à Sablons, on raconta ainsi les obsèques d'un marinier: tous ses confrères des environs se présentèrent, trois grands rubans rouges fixés aux boutonnières et tombant jusqu'aux chevilles. Ils tenaient de grandes cannes à pommes de cuivre. Une fois la bière descendue dans le trou, rassemblés autour, ils hurlèrent de façon lugubre. L'un descendit dans la tombe et frappa le cercueil pour appeler le mort, puis, sur la fosse, on partagea le pain et but une bouteille...
à donner des frissons, non?
Ces mariniers affrontant sans cesse les éléments naturels qui sont, par définition, imprévisibles, étaient très superstitieux. Aussi, le bateau de proue montrait-il à l'évidence la croix des mariniers qui portait tous les attributs et outils de cette profession et de celle des charpentiers qui construisent les bateaux (voir illustration). Cette croix des équipages plaçait le convoi sous la protection de Dieu. Avant le départ également, ils avaient besoin de la bénédiction du Seigneur. Ainsi, à Pierre-Bénite, au sud de Lyon, un bloc de pierre qui émergeait autrefois des eaux du Rhône et que le fleuve laissa au milieu des sables et des ronces, comportait en son sommet un bénitier creusé là et une croix taillée dans le roc. Les mariniers y venaient faire le signe de la croix et demander la protection du Seigneur. Cette pierre existe vraiment: on peut l'admirer aujourd'hui derrière l'hôtel de ville de Pierre-Bénite où elle a été déplacée lors de la construction de l'autoroute le long du Rhône... Partout, dans la

vallée, chaque 6 décembre, on célébrait le patron des mariniers, saint Nicolas. Après la messe, on bénissait une barque et élisait le Roi de la Marine du Rhône. On raconte que les mariniers jetaient leur enfant à l'eau dès sa naissance. S'il surnageait, il deviendrait marinier, sinon...

Ces hommes pleins de force et de courage pratiquaient les joutes nautiques, sport aujourd'hui encore très populaire sur les bords du Rhône. Ces joutes nautiques, attestées dans l'antiquité grâce à des bas-reliefs égyptiens, ne sont mentionnées en Europe qu'à partir du quatorzième siècle. Dans la vallée du Rhône, ces exercices physiques aquatiques n'étaient qu'un élément d'une fête comportant d'autres activités: défilés, danses etc... Chaque jouteur se tient sur une plate-forme à l'arrière de sa barque (le tabagnon), se protège le corps grâce au plastron (petit bouclier) et brandit une longue perche (cinq à six mètres selon la catégorie du jouteur) munie d'un crampon métallique. Les rameurs (aujourd'hui, le moteur) poussent les bateaux l'un vers l'autre avec les jouteurs. Lance contre plastron, le plus costaud et le plus souple fera tomber l'autre... Il y a deux méthodes: la méthode givordine (on se croise à droite) et la méthode lyonnaise (on se croise à gauche). Si la joute existe toujours aujourd'hui, la fête n'est plus la même. Témoignage d'un riverain: «Le dimanche, ils joutaient, il y avait des guinguettes, ça dansait, ça jouait de l'accordéon. Quand il y avait des joutes, la fête rassemblait toute la population des alentours. Un jour, les conscrits ont pris la barque du père S. et l'ont montée en ville pour la mettre dans la fontaine!» Un autre: «Toutes les classes se réunissaient et ils faisaient leur concours de joutes sur le bassin. Ils appelaient cela la «bleue» à cause de la couleur de l'écharpe que gagnait le vainqueur du tournoi. Toute la population givordine venait s'asseoir pour assister au spectacle. On apportait le repas, on mangeait sur place. On assistait au concours de natation: ils mettaient des canards à l'eau et les gars se jetaient à la flotte pour aller les chercher.» Un autre sport s'est développé chez les riverains, la course de barque.

Tous ces sports nautiques sont organisés par les sociétés de sauvetage, les sauveteurs qui jouèrent et jouent encore un rôle important lors des inondations. Un riverain témoigne: «à l'origine, tout au long du dix-neuvième siècle, les sociétés de sauvetage se sont créées pour venir au secours de la population en période d'inondation. à l'époque, les inondations étaient très fréquentes. Les gens, dans les bas quartiers, possédaient tous des pièces de repli à l'étage supérieur. En période de crue, on mettait tout le matériel du lieu d'habitation habituel du rez-de-chaussée sur des tréteaux et les gens montaient vivre au premier étage. Il fallait les ravitailler... Transporter les personnes au travail, les médecins, les sages-femmes. Les sociétés de sauvetage étaient d'utilité publique.» Un autre: « Le 25 novembre 1944, il y avait un mètre d'eau dans le couloir. Je me suis donc marié en bateau!» Après la grande crue de 1957, les élus de Givors ont organisé en leur Hôtel de ville une réunion des sinistrés. Paul Vallon, conseiller municipal y exposa que «la crue de février 1957 a provoqué des dégâts considérables en raison de sa rapidité, de son importance (supérieure de 30 centimètres à celle de 1955) et de la poursuite de la navigation, même au moment des plus grosses eaux.» Digues rompues, usines détruites, habitations endommagées etc... créèrent un fort mécontentement. Les dégâts furent aggravés par la navigation. Les revendications proposées par le député-maire de Givors, Camille Vallin, étaient de trois ordres: indemnisation des sinistrés, études et travaux de protection, interdiction de la navigation en cas de crue.

Le fleuve apporte d'autres richesses que le transport des marchandises et des voyageurs. La pêche d'abord. Témoignage d'un riverain: « On naissait pêcheur au bord du fleuve. On était souvent au bord du Rhône pour pêcher, car c'était agréable de prendre une friture et ça faisait un plat à la maison. Dans mon enfance, il y avait des femmes de pêcheurs qui passaient dans les rues au porte-à-

Pirates du Rhône (dessin G. Millon).

porte pour vendre le poisson du Rhône pêché par leur mari. Avec un sacré assortiment: de la friture, des brêmes, quelque fois un brochet, des barbeaux.» Et puis, il y avait les fameux pirates du Rhône. Témoignage de l'un d'entre eux: « Lorsque j'étais enfant, le soir, on aidait les pirates à partir dans la nuit. Dans la barque, le patron ramait, l'autre poussait avec la «trique» entre la barque et le bord; deux autres, sur la berge, tiraient le bateau avec une corde. Fallait connaître le Rhône en pleine nuit! Les vieux étaient forts pour s'orienter! Parfois, dans le noir, je ne savais pas où j'étais. Et quand il y avait du brouillard! Le pire, c'était les moustiques. On remuait les vorgines, et il s'envolait des nuages de moustiques. Chaque coup de filet avait un nom: le coup du bec, le coup de la pancarte etc... Ils n'avaient pas de tolets pour les rames. C'était des lanières de cuir. Quand ils heurtaient les digues, les rames coulissaient. Ils mouillaient le cuir pour que cela ne fasse pas de bruit. Parfois, ils se faisaient prendre et c'était le tribunal. Condamné à une amende, il fallait encore pêcher plus pour la payer!... Les filets étaient à la maille pour la petite friture. Les gros, on les rejetait. Dans le vieux temps, les gardes-pêche étaient moins méchants. Après, c'est devenu dur. Ils nous tiraient dessus. Ils se sont arrêtés de pirater pour ça: c'était trop dangereux et quand on se faisait prendre, c'était trop cher. Cela permettait de vivre. On vivait dur, mais on vivait. Malgré tout, les pirates avaient un autre travail à côté. Après avoir pêché toute la nuit, il fallait aller au boulot le lendemain, c'était dur! Quand on avait jeté le filet vingt ou trente fois dans la nuit, au retour, il fallait l'étendre, le faire sécher, le replier et... repartir le soir. Il fallait satisfaire les commandes. Tout le monde était complice: les restaurateurs que l'on fournissait et les consommateurs. On fournissait beaucoup de cafés le long du Rhône. L'hiver, quand on pêchait dans les lônes, on vendait aux halles et aux friteurs de la Guille (quartier de La Guillotière à Lyon).» Un autre témoignage: « Quand le Rhône était gros, qu'il passait sur l'herbe, ils pêchaient à la «braconnière», un immense filet au bout d'un long manche qu'on poussait devant soi. Alors, il y avait de la friture.» Tout le monde sait au bord du Rhône, de Seyssel à Arles, que le piratage est encore une passion pour certains...

Une autre richesse abondante mais difficile à extraire est l'énergie. De nombreux moulins étaient installés le long du fleuve pour moudre le grain. Ils étaient flottants et pouvaient être déplacés, donc très dangereux pour la navigation. Encore un témoignage: «En 1885, mes grands-parents avaient abandonné le moulin à vent qui était sur la colline. Le moulin construit sur des barques au bord du Rhône avait coulé. Par basses eaux, on apercevait encore les engrenages au fond de l'eau. On leur avait prêté de l'argent pour construire un nouveau moulin un peu plus en amont, en fixe, la roue de pêche étant mobile, elle montait et descendait selon le niveau de l'eau. Au lieu de faire flotter le moulin, on faisait flotter la roue. A chaque crue, il fallait faire de grosses réparations...» Les témoignages d'accidents dans le chapitre sur la navigation montrent bien l'existence de ces nombreux moulins qui furent abandonnés avec le développement de la fée électricité que le Rhône lui-même contribue à renforcer avec ses centrales hydroélectriques.

Les riverains se tenaient au bord du fleuve lors des crues et lançaient un harpon au bout d'une corde pour harponner les objets flottants qui passaient: bois de chauffe, chargements perdus dans les naufrages, barques à la dérive etc... Activité très dangereuse, car parfois, le harponneur partait avec l'objet harponné et se noyait. Il y avait aussi les noyés qui donnaient lieu à une prime lorsqu'on les sortait de l'eau à condition de leur y garder les pieds trempés. Les noyés étaient nombreux et le fleuve est toujours utilisé de nos jours pour donner la mort.

Enfin, le fleuve était le lieu des loisirs: baignade, pique-nique et joies de l'eau. Il l'est toujours lorsqu'il est accessible et que la baignade n'y est pas interdite. Ainsi les vastes étendues de galets du lit mis à nu dans les tronçons court-circuités du vieux Rhône servent de plage aux gens des villes. De nombreuses zones de loisirs, de baignade, de sports nautiques, de pratique de la planche à voile et de pêche ont été aménagés, le plus souvent en collaboration entre la C.N.R. et les collectivités locales. Les plus importantes d'entre elles sont la zone de loisir de Miribel-Jonage et celle du Grand-Large aux portes de Lyon. En d'autres lieux, grâce aux différences de niveau entre l'amont et l'aval d'un barrage, les aménagements de la compagnie lui ont permis de créer des rivières de canoë-kayak. Un nouveau riverain apparaît donc, moins attaché au fleuve, mais l'utilisant pour ses loisirs, ceux qui viennent d'être cités, mais aussi la navigation de plaisance.

Enfin, le fleuve constitue, et a toujours constitué, une ressource en eau inépuisable. En eau d'irrigation pour l'agriculture et en eau potable. Ses nappes phréatiques alimentent en eau de bonne qualité les habitants des montagnes qui le bordent et même certaines villes du bassin de la Loire très proche. Le Rhône au secours de la Loire, on aura tout vu! Le Rhône fournit 11 milliards de mètres cube d'eau pour refroidir les centrales thermiques, nucléaires ou non, 737 mille mètres cube d'eau potable, 132 millions de mètres cube à l'industrie et 58 millions de mètres cube à l'irrigation. Ses nappes alluviales produisent 150 millions de mètres cube d'eau potable.

Quelle richesse!

TRAVERSER LE FLEUVE

Dans le chapitre sur la navigation, nous avons évoqué le statut de «chemin des nations» qu'a toujours eu la vallée du Rhône et qu'elle possède toujours aujourd'hui. Nous avons vu également que le fleuve jouait à la fois le rôle de frontière et de «pays». S'il a pu jouer ce rôle, c'est que les hommes ont toujours cherché (et réussi) à le traverser. Le régime torrentiel du Rhône permettait de trouver en de nombreux endroits des gués utilisables en période d'étiage. Ainsi, le nom de la petite ville de Grigny, au sud de Lyon, aurait pour origine le mot «gué». On construisit aussi quelques ponts en bois qui furent régulièrement détruits à la moindre crue. Seuls trois ponts de pierre purent être édifiés, non sans difficulté, par les moines pontifes à Lyon, Avignon et Pont-Saint-Esprit. Nous en parlerons plus loin. Autrement, on utilisait la barque. Le monopole de ce service payant était octroyé par le seigneur. Ainsi, au dix-septième siècle, «au port de Verneyson (aujourd'hui: Vernaison), le fermier mandaté passe dans son batteau (sic) sur la rivière du Rosne les habitans et aultres particuliers connus dans le Dauphiné»et, par exemple, en 1765, «Pierre Bourdin est pontonnier, affermé par bail à Vernaison. Lui seul, avec son bateau a le droit de traverser le Rhône de Vernaison au Dauphiné... C'est son privilège exclusif en sa qualité de fermier du port de Vernaison.» Ce «bail» était un contrat passé avec le seigneur de Charly. Ce privilège restait dans la famille: en 1770, il est détenu par Jacques Bourdin, en 1788 par Jean-Marie Bourdin. Mais, l'être humain est plus technologique que naturel. Il lui faut inventer des mécanismes de traversée, car le fleuve est capricieux et le courant violent. Il crée donc le bac à traille... Pour stabiliser le lieu de traversée et éviter à la barque d'être emportée par le courant, on la fixe par un câble coulissant sur un autre câble tendu entre les deux rives. Une tour imposante, construite en maçonnerie sur chaque rive, exerce cette fonction. De nombreuses reliques de ces tours subsistent sur les berges du Rhône. La plus fantastique (selon moi...) est celle qui est située rive droite, en aval du défilé de Donzère, juste après le pont suspendu. Cette construction dans le décor du défilé ne manque pas de rappeler les temps héroïques des bacs à traille. Ces derniers constituaient des obstacles dangereux à la navigation. Tout cela disparut comme par enchantement grâce à la découverte des suspensions en fil de fer des frères Seguin. Cette découverte se résume à ceci: «la résistance au millimètre carré augmente lorsque le diamètre de la barre, puis du fil, diminue»! Les frères Seguin appliquèrent industriellement ce principe dans les ponts suspendus et construisirent le premier au monde à Tournon en 1824-25. Ce pont n'existe plus aujourd'hui... Mais, cette technique permettra à de nombreux ponts de s'édifier tout le long de la vallée en un temps record et il en reste encore de nombreux aujourd'hui. Le Rhône était devenu facile à traverser...

PONT DE LA GUILLOTIERE

Le pont de la Guillotière fut construit de 1182 à 1562, disent certains auteurs. Les travaux débutèrent sous l'autorité des frères pontifes, puis des moines de Hautecombe en Savoie, de la Chassagne jusqu'en 1354 et enfin du consulat magistrature civile de Lyon. En réalité, ce pont fut continuellement reconstruit après chaque crue violente et dévastatrice du fleuve, alors que les bombardements de la dernière guerre ne réussirent qu'à détruire une seule arche... Les pierres blanches venaient par bateau de Bourgogne via la Saône et de l'Île-Crémieu via le Haut-Rhône. Ces pierres surnommées «le chouin» furent appelées, plus tard, pierre de Villebois.

Il aura fallu une décision du conseil municipal de Lyon présidé par Edouard Herriot le 21 avril 1953, pour le faire détruire et reconstruire. L'année de sa démolition, en 1954, il ne comportait plus que huit arches, car il fut modifié au fur et à mesure de l'urbanisation du dix-huitième et dix-neuvième siècle. Le nouveau pont s'appelle toujours pont de la Guillotière.

D'énormes difficultés s'opposaient à la construction d'un pont sur le Rhône à Lyon avec les techniques du Moyen Âge. Lors des grandes crues, toute la plaine était inondée et après la décrue, le fleuve ne retrouvait pas toujours son chenal... Le courant rapide et la régularité du débit qui ne laissait pas aux constructeurs de période sèche, rendait la tâche très ardue. Le sous-sol est constitué d'une couche très profonde de sédiments. Comme l'écrit Jean Pelletier: «On avait très largement besoin de la protection divine dans ce métier.» Les ponts romains n'étaient pas en pierre, donc précaires, et la décadence de Lyon jusqu'au onzième siècle découle manifestement de la disparition des facilités de passage. Au dix-septième siècle, le pont mesurait 500 mètres de long contre 205 aujourd'hui. Sa physionomie en dos d'âne, surtout près de la rive droite, alignait vingt arches irrégulières, l'écartement entre les piles, toutes différentes, variant de vingt à trente et un mètres. La largeur de ces piles variait de sept à quinze mètres. Fondées sur des pieux en châtaignier, elles étaient protégées en amont par des avant-becs effilés pour écarter les gros flottants transportés par le fleuve. Un véritable monstre!

Le fleuve, à cet endroit, constituait la frontière entre le Dauphiné et le Lyonnais. On marqua cette frontière située à la hauteur de la sixième pile rive droite par la construction d'une porte munie d'un pont-levis en bois. Rive droite, côté Lyon, l'entrée était encadrée par deux tours rondes qui constituaient la porte Bourgchanin. Le parapet était large seulement de cinq à six mètres. Ce pont énorme donnait un côté fantastique au paysage lyonnais comme se plaisent à le montrer certaines gravures. La circulation était très difficile sur ce pont unique. Ce qui donnait lieu à des embouteillages parfois dramatiques, comme le fameux «tumulte du pont de la Guillotière» qui se produisit le dimanche 11 octobre 1711. Une foule nombreuse de Lyonnais se rendit à Bron, sur l'autre rive, pour fêter Saint-Denis. Ce cortège serré revient en fin d'après-midi alors qu'en face roulait dans son carrosse attelé de deux chevaux, Catherine de Mazenod, veuve de Monsieur de Servient, propriétaire de la plus grande partie de la rive gauche. Suivie d'une charrette de tonneaux vides, elle se rend chez elle à la maison forte de La-Part-Dieu. L'impatience du cocher dans cette foule ajoutée aux fausses manoeuvres entraînent le renversement du carrosse. La charrette entre en collision avec lui. La foule se heurte à cette barricade involontaire et ceux qui suivent poussent vigoureusement écrasant et étouffant les malheureux arrrivés les premiers. Certains se jettent à l'eau. Les soldats, au lieu de porter secours, pillent les victimes... On relèvera 216 morts et repêchera 25 noyés.

LE PONT DE SAÔNE

Il était plus facile de construire un pont sur la Saône. Le premier, le pont de Saône, fut édifié à partir du milieu du onzième siècle. L'archevêque de Lyon, Humbert 1er, le consacra en 1076. Certainement élevé sur les fondations antiques d'un pont romain, on pilla les vieilles pierres des alentours pour sa construction. Lors de sa démolition en 1842, rendue nécessaire afin de laisser passer la navigation, on retrouva un taurobole (autel de sacrifice du taureau) du règne de Septème Sévère en 194... On jetait les taureaux à l'eau de ce pont lors de la fête des Merveilles.

PONT SAINT-BENEZET

Bénézet, un petit berger de douze ans, vit apparaître Jésus qui lui ordonna d'aller à Avignon bâtir un pont sur le Rhône! Un ange le conduisit jusqu'à l'évêque qui, face à ce petit paltoquet, se mit en colère et voulut le faire condamner à être écorché vif. Le viguier (le juge) pour éprouver le garçon, lui demanda de transporter au fleuve une énorme pierre que trente hommes suffisaient à peine à bouger. Bénézet réussit après avoir prié et la foule l'acclama. Il ne fallut que huit années pour construire ce pont (1177 - 1188). Mais, le Rhône ne lui permit pas de résister jusqu'à nos jours. Ses piles constamment secouées par les crues devaient être régulièrement renforcées et finalement, en 1669, une terrible crue emporta ce qui restait du pont. On installa un bac à traille.

PONT-SAINT-ESPRIT

Des trois ponts médiévaux, il est le seul à exister encore, le pont de la Guillotière à Lyon ayant été démoli lors de la dernière guerre et le pont Saint-Bénézet à Avignon, n'ayant pas entièrement réussi à résister au fleuve, ne conserve plus que quatre arches.
Il était tellement difficile de construire un pont à cet endroit, la ville située sur la rive droite s'appelait alors Saint-Saturnin, qu'il fallut l'intervention du Saint-Esprit pour réussir. Le passage difficile en amont du confluent avec l'Ardèche, avec un lit d'un kilomètre de largeur et un groupe d'îles dangereuses se faisait appeler *Malatra (malus tractus)*, mauvais passage. Ainsi, l'Esprit saint prit la forme d'un ouvrier exceptionnel qui mena à bien cette oeuvre gigantesque. Les moines pontifes ne mirent que quarante-cinq ans pour construire ce pont (1265 - 1310).

PONT ROMAIN DE VIENNE

Ce pont s'effondra le 11 février 1407 à 10 heures lors d'une violente crue du Rhône. La nuit précédente, on entendit hennir et courir des chevaux sur ce pont, et, à minuit, des murmures, voix et frémissements étranges. Sur la place de Sainte-Colombe (ville située rive droite, en face de Vienne) on aperçut un taureau d'une grosseur merveilleuse. Les cloches se mirent à sonner sans intervention humaine...
Cette explication merveilleuse de l'effondrement d'un pont, montre à quel point la construction d'un tel ouvrage (ou sa destruction) apparaissait aux gens comme relevant du surnaturel. D'autant plus que les trois seuls ponts médiévaux qui résistèrent longtemps aux assauts du fleuve furent construits par les moines pontifes, dont la vocation était justement de construire des ponts. Pour deux d'entre eux, le pont Saint-Esprit et le pont Saint-Bénézet, dont les noms

indiquent la légende, seule l'intervention de Dieu put contrecarrer les manoeuvres du diable enfoui sous le lit du fleuve...

CONTES ET LEGENDES DU FLEUVE

La plupart des mythes et légendes du fleuve ont une origine médiévale. On croyait ainsi que le fleuve traversait le Léman sans mélanger ses eaux à celles du lac... Récemment encore, on m'a posé la question...

Et n'est-ce pas Mathieu Thomassin qui écrivit: «Ceux qui ont accoutumé voyager par la rivière Rhosne disent que de nuit, l'on y voit et ouit plusieurs choses étranges».

Le Rhône prend sa source dans un massif montagneux qui voit naître d'autres fleuves prestigieux: le Rhin, le Danube et le Pô. étant donné que d'une haute montagne ne peut naître que de grands fleuves, la tradition transforme le Rhin, le Danube (ou Inn), le Rhône et le Pô (ou Tessin) en branches d'une croix s'étendant vers les quatre extrémités du monde. D'ailleurs, la similitude des noms atteste de leur parenté. Le nom générique d'Eridan, longtemps porté par le Rhône, a été appliqué au Pô, au Rhin et à l'Elbe... Rhenus est diminutif de Rhodanus, le premier désignant le Rhin et le second le Rhône.

Et nous avons vu que le fleuve est à la fois frontière et pays. Qui, sinon un dieu, peut-il être plusieurs choses à la fois, «car on ne saurait entrer deux fois dans le même fleuve», comme l'écrivit Platon?

Mais quelle est la nature de ce dieu? Bon ou méchant? C'est selon les besoins sociaux, idéologiques, philosophiques ou religieux qui forment le support de la légende.

Quoiqu'il en soit, le fleuve renvoie toujours à l'abîme, aux enfers où se côtoient la vie et la mort. Et parmi les fleuves des enfers n'y a-t-il pas le Styx, fleuve des horreurs?

Au contraire, le flamant rose n'est-il pas le grand oiseau qui symbolise l'âme migrante des ténèbres à la lumière?

Le fleuve mène parfois à la vie, mais souvent à la mort... C'est cette dialectique qui constitue le terreau des légendes.

LA LEGION THEBAINE

Le Rhône suisse traverse un défilé juste après le coude de Martigny. C'est le défilé de Saint-Maurice, du nom de l'officier romain qui commandait la légion thébaine quelque trois siècles après J.C. Cet homme, profondément chrétien, refusa de faire des sacrifices à Jupiter: «Nous avons prêté notre premier serment à Dieu; le second à l'Empereur. Tu ne peux compter sur le second si nous faussons le premier.» Aurait-il répondu à Maximilien Hercule selon Alexandre Arnoux. Ils furent donc exécutés par milliers, et leur sang rougit le fleuve. L'abbatiale Saint-Maurice qui existe actuellement dans le défilé date du onzième siècle. En 937, Otto 1er transféra solennellement les reliques mauriciennes à l'église de Magdebourg. Il voulait ainsi sacraliser les voies de la domination impériale et faisait de l'Elbe l'un des bras de la croix fluviale autour desquels s'organisait sa politique.

LA FÊTE DES MERVEILLES

Jusqu'au seizième siècle à Lyon, on célébrait la fête des Merveilles.
Le mardi avant la Saint-Jean-Baptiste, devant l'église Saint-Pierre à Vaise, tout le clergé et les personnalités de la ville en costumes et déguisements entraient dans un énorme et superbe bateau orné de feuillages et de banderoles. Ce bateau, escorté d'une foule de petites barques descendait la rivière et passait sous le pont de la Saône (le premier pont construit sur la rivière, aujourd'hui le pont du Change). Le convoi passait sous l'Arche merveilleuse et on faisait alors sauter des taureaux dans l'eau. Ces derniers étaient repêchés, égorgés, écorchés, dépecés dans la petite rue du temple (rue Ecorche-Boeuf) et mangés ensuite. La Saône devenait un fleuve de sang. On faisait alors ripaille. Le cortège descendait jusqu'au pont d'Ainay, se rendait en procession à l'église Saint-Nizier où la messe était célébrée. Après l'office, on accompagnait l'archevêque jusqu'à la cathédrale. La journée se terminait par des repas et des réjouissances publiques.
Certains pensent que cette fête a pour origine le culte des martyrs chrétiens de l'an 177. Ces quarante-huit chrétiens martyrisés furent brûlés et leurs cendres jetées au Rhône. La légende raconte qu'à Saint-Romain-en-Gal, quelques kilomètres en aval, elles se réunirent pour redessiner leurs corps parfaitement reconnaissables. Le jour choisi pour la fête des Merveilles, comme célébration de ce miracle,

coïncidait avec la fête gauloise du solstice d'été et la fête romaine de la Fortune faite de libations. Le sacrifice des taureaux aurait été interprété comme une manifestation d'horreur du taurobolisme du culte de Cybèle.

En réalité fête païenne récupérée par l'Eglise, la fête des Merveilles ne sut jamais se séparer de son côté plaisirs de la chère, de la vie, de la mort et du sang. Est-ce pour cela que les autorités finirent par l'abandonner?

LE CULTE DE MITHRA ET DE CYBELE

Souvent, on a comparé le fleuve Rhône à un puissant taureau. N'est-ce pas Michelet qui parlait du Rhône comme «d'un taureau dévalant la montagne»? C'est pourquoi, il est fascinant de considérer les cultes de Cybèle et Mithra à la lumière de cette comparaison.

On trouve encore dans la vallée du Rhône des vestiges de ces cultes qui parfois se confondirent. Ainsi, au Pouzin, on peut voir un autel taurobolique datant du troisième siècle et, dans le Poème du Rhône, Mistral cite un bas-relief à la gloire (dit-on) de Mithra, situé à Bourg-Saint-Andéol: «La fontaine de Tourne est un oracle! (...) Sur la paroi du roc, en un encadrement qui regarde le Rhône, vous avez dans le haut, gravés depuis... qui sait les siècles? le Soleil et la Lune mauvaise - qui épient. Vers le milieu, un boeuf, que sous le ventre un scorpion va piquer, qu'un chien va mordre, et un serpent qui à ses pieds ondoie. Le taureau, lui, plus fort que tout a tenu tête, lorsqu'un jeune homme avec un manteau flottant, un fier jeune homme coiffé du bonnet de liberté, lui plonge à la nuque sa dague et le tue. Au-dessus de la scène tragique, un corbeau effrayant étend ses ailes...»

Et quelle est l'explication donnée par Mistral à ce bas-relief, par l'intermédiaire d'une vieille sorcière rencontrée là par Anglore? «Le boeuf (...) sais-tu qui cela représente? L'antique batellerie du fleuve Rhône (...) Le grand serpent qui se roule sous lui, c'est le Drac, dieu de la rivière (...) et le dur jeune homme, celui qui égorge le taureau, c'est le destructeur qui doit un jour tuer les mariniers, le jour où pour jamais de la rivière sera sorti le Drac (...)!»

Arles devait être un des premiers endroits du monde romain où s'introduisit le culte du dieu perse Mithra. Kronos était adoré par les adeptes de la religion iranienne de Mithra, le Soleil invincible. Or, en 1598, on a découvert à l'emplacement du cirque romain le fragment d'une statue grecque de Kronos, dieu du temps infini. Son corps de marbre datant de la fin du premier siècle de notre ère est entouré d'un serpent. Mithra, né de la roche, dieu de feu et de lumière, est assimilé au soleil. Son culte n'était réservé qu'aux initiés comme le montre d'ailleurs l'exiguïté du *mithreum* où il était célébré. L'un de ces temples est conservé à Rome sous l'église Sainte-Prisque. Le culte comprend la mise à mort du taureau, identifié à la lune «auteur des naissances». Le sacrifice du taureau correspond donc à la création de nouvelles âmes. Le néophyte, après de terribles épreuves, les yeux bandés, est aspergé du sang du taureau sacrifié. Certains voient des similitudes entre ce culte et la lithurgie chrétienne... Dans le culte, le corbeau représentait le premier élément: l'air. Le plus haut dignitaire, vêtu comme Mithra, portait le bonnet phrygien. On reconnaît-là tous les éléments du bas-relief de la fontaine de Tourne. Le «bonnet de liberté» que porte le jeune homme qui tue le taureau sur ce bas-relief est le bonnet phrygien, ce qui montre bien le lien étroit entre le culte du dieu Mithra et celui de la déesse Cybèle, car ce dernier a été introduit de Phrygie à Rome. Le sacrifice du taureau est le point commun avec le culte de Cybèle, divinité d'orient adoptée par les Romains pendant la seconde guerre punique. La colline de Fourvière accueillit donc dès l'origine ce culte. Là également, le néophyte était aspergé du sang d'un taureau qu'on égorgeait. Il se trouvait ainsi lavé, purifié par le sacrifice du taureau. Cybèle symbolise aussi la mort, pas la mort qui anéantit, mais la mort qui féconde. Toute une théologie, la doctrine métroaque s'élabora autour de la déesse, mélange de barbarie, de sensualité et de mysticisme. N'est-ce pas là trois qualités attribuées au fleuve? Celui-ci, en apportant la mort, ne crée-t-il pas la prolifération de la vie?

LES SAINTES MARIES

La légende veut qu'en l'an 42 de notre ère, sainte Marie Jacobé, sainte Marie Salomé et leur servante sainte Sara, ainsi que la sainte famille de Béthanie: Lazare, Marie-Madeleine, Marthe, abordèrent la côte en Camargue. Les deux saintes sont considérées comme les deux soeurs de la Sainte Vierge. Elles abordèrent, semble-t-il à proximité du Rhône Saint-Ferréol, à l'endroit où se trouvait peut-être l'*Oppidum Ra*. Ce n'est pas tout à fait l'endroit où existe actuellement les Saintes-Maries-de-la-Mer. à cette date, le site de la petite ville au bord de la mer en était très éloigné. Si, aujourd'hui, la mer pousse la côte vers l'intérieur, à cette époque, c'était l'inverse: les deux fleuves, le Rhône Saint-Ferréol et le Rhône de Boismaux refoulaient la mer au large. Voyons comment le chanoine Mazel décrit ces deux fleuves dans son ouvrage «la Camargue»: «(Le Rhône Saint-Ferréol) se détachait du Grand-Rhône vers Montlong, passait à Villeneuve, le mas d'Aguon, Méjanes, le Carrelet, débouchait dans l'étang de Malagroy, suivait l'Impérial et se jetait dans la mer au grau de la Fourcade, à mille cinq cents mètres des Saintes-Maries. Celui de Boismaux se détachait du Petit-Rhône au-dessus du château Davignon, passait dans les étangs de la Consécanière, de Ginès, des Launes et débouchait dans la mer vers le grau d'Orgon.» Ces deux Rhône encerclaient les Saintes-Maries et en faisaient une île.

L'oppidium, lui, est une forteresse, un camp retranché, un port de rupture de charge entre les navires de mer et les radeaux et bateaux plats qui empruntaient le fleuve Rhône. C'était le port de Ra. Aviénus y voyait là ce qui désigne le Dieu soleil chez les Egyptiens.

Les Saintes débarquèrent donc dans un lieu à l'activité intense. Autrefois, les pêcheurs voyaient en cet endroit, en mer calme, des tombeaux sous l'eau.

La ville s'est transportée plus tard où elle est située aujourd'hui, autour du tombeau des Saintes.

à partir de cette base, les Saintes «convertiront les païens et jetteront dans les âmes une foi si profonde qu'elle ne s'éteindra jamais à travers les siècles.» Elles recevaient, dit-on, la visite de saint Trophime.

La cérémonie du pèlerinage à la mer rappelle aux chrétiens la légende des Saintes.

Nous avons vu que l'équipage qui aborda en Camargue en l'an 42 de notre ère comprenait Marthe. Cette sainte prendra de l'importance dans la légende de la Tarasque.

LA TARASQUE

C'était un monstre amphibie qui semait la terreur dans les marécages du Rhône. Elle mangeait les hommes et renversait les bateaux qui avaient le malheur de la croiser.

La Tarasque est attestée dès le quatrième siècle. C'est donc une légende très ancienne qui s'est perpétuée dans la région de Tarascon. Ce fut sainte Marthe qui vainquit la Tarasque en la subjuguant par l'imposition de ses mains. Le bon peuple put ainsi détruire le monstre. Cette légende reste tenace grâce aux fêtes de la Tarasque, qui se déroulent aujourd'hui le dernier dimanche de juin. On promène une énorme représentation du monstre accompagnée des Chevaliers de la Tarasque, ordre fondé par le roi René le 14 avril 1474. Si cette fête fut si tenace, c'est que les autorités ecclésiastiques et de l'Etat y virent un bon moyen de développer la croyance en la supériorité de la foi chrétienne, puisque sainte Marthe, en triomphant du monstre, a montré que la religion chrétienne est supérieure au paganisme.

La plus ancienne représentation du monstre est constituée par une sculpture dans le chapiteau d'une colonnette du cloître Saint-Trophime à Arles qui date du onzième siècle, peut-être même est-il antérieur. C'est un quadrupède à la queue charnue terminée en pointe comme celle d'un lézard, avec une tête de lion à la large crinière qui dévore un enfant dont les jambes sortent de sa gueule. Son dos est recouvert d'une grande écaille comme celles des tortues. Elle est représentée ainsi lors des fêtes. Le bas-relief du tombeau de sainte Marthe la représente comme une espèce de chien, mais il manque la tête à la sculpture.

Mais, il semble que sainte Marthe ne soit jamais venue à Tarascon! J.B.F. Porte, dans son ouvrage sur les fêtes de la Tarasque, soutient cette thèse et suggère que l'origine de cette légende est à trouver dans l'extermination des Ambrons et des Teutons dans les plaines d'Aix et de Pourrières par les armées romaines de Marius (102 avant J.C.). Cette thèse serait attestée par le fait rapporté que la prophétesse Martha accompagna Marius en Provence.

LE DRAC

Draco signifie, en latin, dragon, serpent fabuleux gardien de trésor.

Ce mot est aussi à l'origine de Dracula, qui signifie en roumain, fils de Dracul, chevalier du dragon. On rencontre cette similitude de nom pour deux mythes qui, au fond se ressemblent, car, dans les deux cas, il s'agit d'un monstre qui fait sa proie des hommes et qui sait très bien prendre leur apparence...

L'histoire du Drac se déroule dans la même région que celle de la Tarasque: à Beaucaire. Dans cette ville, une femme qui lavait son linge au bord du fleuve laissa échapper son battoir. Elle entra dans l'eau pour le récupérer. Le Drac la saisit aussitôt et l'entraîna en son château au fond du Rhône. Là, il l'obligea à allaiter son enfant mort pour le faire revenir à la vie. C'est ce qu'elle fit. Elle réussit à s'enfuir et retourna à Beaucaire. Mais sept années s'étaient écoulées pendant son absence alors qu'elle n'avait vécu au fond de l'eau qu'un après-midi seulement. Un jour qu'elle traversait la place, elle aperçut le Drac qui cherchait quelqu'un à dévorer. Elle lui demanda des nouvelles de son épouse et de son fils ce qui étonna fort l'enchanteur parce qu'il était invisible. Mais cette femme avait un oeil capable de le voir. Elle eut la maladresse de lui dire et le Drac lui arracha aussitôt cet oeil avec le doigt...

Dans le fabuleux poème du Rhône de Mistral, le Drac est également mis en scène. Il voyage sous les traits du beau prince Guilhem d'Orange sur le bateau de Maître Apian qui descend le fleuve. Jean Roche, le prouvier est amoureux d'Anglore, la sauvageonne de Pont-Saint-Esprit. Mais elle avait vu le Drac et était amoureuse de lui. Lorsque Jean la fit monter à son bord, elle reconnut le Drac en la personne du Prince: «C'est lui! C'est lui! Cria-t-elle affolée (...) qui l'admirait, amoureuse et craintive, ainsi qu'une fauvette fascinée qui, au regard d'une couleuvre, irrésistiblement est obligée de choir.» Et le prince de lui dire: «Je te reconnais, ô fleur de Rhône épanouie sur l'eau...» et la fille de répliquer: «Drac, je te reconnais! car sous la lône je t'ai vu dans la main le bouquet que tu tiens.» Puis, la barque passe sous le Pont-Saint-Esprit, entrée de la Provence, «la porte triomphale de la terre d'amour». Jean ne possédera pas la belle Anglore car elle disparaîtra avec le Drac lors du naufrage du convoi de Maître Apian harponné par le vapeur le Crocodile: «Le fleuve, qui sait où? les avait tous les deux emmenés pour toujours.»

Voilà donc bien des ressemblances avec la légende de Dracula, prince qui sait prendre l'apparence d'un homme et qui séduit les femmes pour survivre...

PILATE ET LE MONT PILAT

La tradition médiévale voyait, sous les fleuves, gouffres, tunnels et communications avec la mer. Parfois, les plus hautes montagnes (qui ne manquent pas tout le long du Rhône) communiquaient avec le fleuve.

Le cadavre du procurateur Pilate supplicié à Rome aurait été précipité dans le Rhône. D'autres versions le voient immergé par les Viennois ou englouti par des diables avec la tour qui lui servait de prison. Ces trois traditions légendaires sont attestées dès le douzième siècle. Evidemment, l'immersion dans le fleuve d'un tel démon ne peut se passer dans le calme. Sa présence provoque tourbillons et naufrages, événements très fréquents sur notre fleuve indomptable... La présence du monstre gênant, on s'efforce de le retirer du fleuve. Mais pour le mettre où? Dans un lieu infernal sis «au milieu des Alpes» (terme générique). Ces Alpes sont à la fois le mont Pilat du Lyonnais et le Pilatus (ou Frakmunt) lucernois, deux montagnes maudites qui devaient porter en leur sommet un lac noir, antre du démon pilatien qui déclenche des orages quand on s'avise de le troubler. Le sommet du Pilat communiquait avec le Rhône, dit-on...

Une légende qui rejoint d'autres mythologies que l'écrivain américain Lovecraft a su développer dans son oeuvre.

5) Affluents

LA SAÔNE

Le plus important des affluents du Rhône est la Saône. Elle a la caractéristique identique à celle du fleuve, celle de couler du nord vers le sud, jusqu'à Lyon où elle rencontre le Rhône.

C'est une rivière puissante (400 mètres cube par seconde) mais tranquille. Elle coule lentement, sans se presser de retrouver son fleuve. Juste avant la capitale des Gaules, elle serpente au pied du Mont-d'Or dans un val de Saône remarquable. Elle traverse Lyon en méandres dans un site formidable qui sépare deux collines prestigieuses: Fourvière en rive droite, et la Croix-Rousse en rive gauche. Son entrée dans la ville est marquée par l'île Barbe, autrefois lieu de résidence des moines avec trois églises: Saint-Marc, Saint-Loup et Notre-Dame-de-Grâce. Les insurgés protestants du baron des Adrets (1562) détruisirent ces magnifiques monuments dont il ne reste qu'une partie de Notre-Dame-de-Grâce avec son clocher roman qui domine avec élégance la végétation de l'île.

Mais, avant d'arriver là, la Saône a suivi un long parcours de 480 kilomètres en ayant pris sa source au seuil de la Lorraine, à Vioménil dans les Vosges. Sa pente est très douce puisque sa source se trouve à 404 mètres d'altitude et qu'elle se perd dans les eaux fraîches du Rhône à 158 mètres d'altitude.

Son principal affluent est le Doubs, rivière étonnante du Jura, qui hésite longtemps entre la Suisse et la France en se dirigeant vers le nord-est avant de changer brusquement d'avis et de s'élancer vers le sud-ouest pour rejoindre la Saône. La vallée du Doubs est le siège du canal du Rhône au Rhin qui permet à de nombreux plaisanciers de traverser l'Europe du nord vers le sud. Cette charmante rivière retrouve la Saône à Verdun-sur-le-Doubs.

La Saône se fit d'abord appeler Arar, racine celte signifiant eau, puis Sauconna par les Romains. Les paysages qu'elle traverse sont calmes comme elle, tout à l'horizontale, contrairement au Rhône qui ne traverse que des montagnes. Cette rivière fut navigable depuis la nuit des temps. En 1779, un ingénieur, Thomas Dumorey, a réalisé une expertise de la Saône en descendant son cours. Ce document très précis nous montre la rivière telle qu'elle était à cette époque.

Son cours se divise en trois sections: la Haute-Saône jusqu'à Gray; la Petite-Saône de Gray à Verdun-sur-le-Doubs; la Grande-Saône jusqu'à Lyon. En 1790, centre d'un grand réseau de voies navigables, elle était reliée au Doubs pour le futur canal Rhin-Rhône, à la Loire par le canal du Charollais ou du Centre, à la Seine par le canal de Bourgogne. Elle fut intéressante pour le débouché des marchandises vers Lyon et la mer. On y faisait d'abord descendre le bois grâce à des grands radeaux constitués à Jonvelle en Franche-Comté, bois qui alimentait les chantiers de la marine royale à Toulon. On construisit des lourds bateaux de chêne au port de Selles, bien plus chers que les penelles de Condrieu. Cinquante-neuf ports furent recensés tout au long du cours de la Saône, de simples arrêts sans aménagement, ni quai en dur. Seule Châlon-sur-Saône possédait un port de pierre qui servait pour les marchandises, mais aussi pour l'embarquement et le débarquement des voyageurs qui passaient de la diligence au bateau entre Paris et Lyon, et vice versa. Puis les villes de Mâcon et Trévoux imitèrent Châlon dans la construction de quais en pierres. Comme pour tous les cours d'eau de cette époque, les marchandises descendaient plus qu'elles ne montaient. Les bateaux transportaient les marchandises produites dans les régions traversées: bois et blé, pierres et briques, vin. Bien que son cours soit lent, la Saône ne se prêtait pas si facilement à la navigation, car en hiver elle débordait très loin de son lit mineur et le chenal était introuvable ou elle gelait, car elle est trop plate et lente; en été, elle manquait d'eau. Elle n'était utilisable, en fin de compte, que quatre à cinq mois par an. La nature y était sauvage sur ses berges souvent inaccessibles et impraticables pour le halage. Dumorey a recensé cent vingt-huit arbres et quarante et une grosses racines tombés à la rivière. D'autres obstacles, plus classiques, gênaient la navigation: ponts (il y en avait neuf le long de son cours) et bacs (il y en avait cinq), moulins particulièrement nombreux à proximité des villes où ils trouvaient le marché pour la farine. Comme le cours de la rivière est lent, il leur fallait un pertuis aménagé par une digue... Les chevaux remontaient des convois de six à douze bateaux et la descente se faisait à la rame (faute de courant...), chaque embarcation étant munie de quatre «empreintes», rames longues de douze mètres dont l'une, à l'arrière, servait de gouvernail. Ici aussi, on «piquait à l'empi» ou «piquait au riaume».

L'ingénieur ne préconisera pas d'aménagements importants, la rivière restera ainsi longtemps en un état naturel. Il faudra seulement assurer une continuité aux chemins de halage.

La Saône fut le lieu d'essai du pyroscaphe de Jouffroy d'Abbans, précurseur du bateau à vapeur. Cet engin à aubes remonta la Saône à Lyon, de l'archevêché à l'île Barbe pendant un quart d'heure environ. C'était le 15 juillet 1783. Quelques années auparavant, en 1779, il avait réalisé, sur le Doubs, les essais concluants d'un petit pyroscaphe.

A notre époque, la Saône est navigable à grand gabarit jusqu'à Châlon-sur-Saône. Michel Grandin, dans «Rivières de France» s'inquiète de cet aménagement de la rivière et se réjouit qu'elle soit rendue impossible, car il faudrait démolir le pont de pierres de Mâcon qui gène le trafic des monstres du trafic fluvial. Que Michel Grandin se rassure, la C.N.R. a pris en compte ce souci et a tout simplement contourné ce pont en creusant autour de la ville de Saint-Laurent (rive gauche) un grand canal de dérivation qui a sauvegardé le pont de pierre et permis de laisser passer ces «monstres» du trafic fluvial. Il a fallu également construire trois ponts sur ce canal pour maintenir les liaisons routières entre Saint-Laurent et le monde extérieur. La technologie mise en oeuvre mérite un coup de chapeau...

La Saône reste le centre d'un complexe de canaux français, puisqu'à partir de son cours, on peut naviguer (à petit gabarit): sur le canal de l'est qui permet de rejoindre la Moselle et l'Allemagne à partir de Corre, la limite extrême amont de sa navigabilité; sur le canal qui rejoint la Marne à partir d'Heuilly pour pouvoir atteindre le nord de la France et la Belgique; sur le canal du Rhône au Rhin, qui emprunte la vallée du Doubs à partir de Saint-Symphorien; sur le canal de Bourgogne, à partir de Saint-Jean-de-Losne, qui rejoint la Seine; sur le canal du centre à partir de Châlon-sur-Saône qui double le canal de Bourgogne et dessert le centre de la France.

En amont de Verdun-sur-le-Doubs (confluence avec le Doubs), la navigabilité de la Saône est assurée par l'existence de nombreux canaux de dérivation. L'aménagement de la rivière comprend vingt-cinq barrages et écluses.

Un affluent de la Saône, la Seille, est également navigable sur une longueur de 39 kilomètres dans un magnifique site naturel jusqu'à Louhans.

La Saône est la rivière du silure, poisson venu d'ailleurs, qui fascine le pêcheur au gros. Il n'est pas rare d'entendre parler de spécimen de 2,5 mètres de long. Monstre mythique qui donne lieu à toutes sortes de frayeurs: tel le requin des dents de la mer, il mangerait les petits enfants imprudents. Cette réputation n'a jamais été confirmée. Cette énorme bête aquatique n'a pas de dents, mais une espèce de râpe lui permettant d'avaler progressivement sa proie. Quand on en pêche un et qu'on ne le rejette pas à l'eau (ce que font la plupart des pêcheurs sportifs), on constate que son estomac contient des brêmes, des écrevisses et des poissons-chat. On vient du monde entier sur les bords de la Saône et de la Seille pour pêcher le silure. Bien souvent, "ça casse", et il faut utiliser pour sa ligne, un fil de plus en plus gros qui casse encore... Quel est le monstre qui se tapit ainsi dans les profondeurs de la rivière?

L'AIN

Cette rivière se fit appeler Igniz, Hinnis, Hent, Enz, Indis, avec, pour chacun de ces noms, une orthographe variable. C'est depuis le treizième siècle qu'elle s'appelle l'Ain.

Elle prend sa source au sud du plateau de Nozeray, à 700 mètres d'altitude, coule pendant 195 kilomètres jusqu'à rencontrer le Rhône à Anthon à 186 mètres d'altitude. L'Ain a alors un débit de 130 mètres cube par seconde. Sa source, la Doize, coule d'une anfractuosité de dix mètres de haut sur trois mètres de large. En période de sécheresse, on peut pénétrer à l'intérieur de cette grotte. Torrent prisé du kayakiste, rivière dont les affluents sont agrémentés de somptueuses chutes d'eau et qui se perd aussi dans les anfractuosités de la roche calcaire, riche en faune et en flore, l'Ain sait séduire l'amateur de rivières par sa personnalité variée. Elle fut également naviguée par les radeliers, hommes intrépides descendant, par temps de crue seulement, sur des ensembles de troncs de trente mètres de long sur sept de large, assemblés par des peaux de chèvre. Ces radeaux étaient également utilisés pour transporter certaines marchandises et, parfois même, des passagers aventureux. Le bois était vendu au confluent du Rhône.

Les magnifiques gorges de l'Ain, de Pont-de-Poitte à Allement, sont désormais noyées dans un lac de retenue du barrage de Vouglans construit en 1968. La rivière a beaucoup donné à la fée électricité puisque plusieurs barrages dont les retenues contiennent au total 630 millions de mètres cube d'eau y ont été construits. En plus de Vouglans déjà cité, il y a les barrages de Sault-Mortier, Coiselet, Charmine, Cize-Bolozon et L'Allement. Dès 1898, une centrale électrique fut installée à Bourg-de-Sirod.

Les eaux claires de l'Ain se mélangent avec celles, tout aussi claires, du fleuve Rhône dans un confluent resté sauvage, sans aucun endiguement moderne. C'est le seul confluent important d'une rivière avec le fleuve qui est resté naturel. On comprend que beaucoup de personnes se sont émues du projet de la C.N.R. pour l'aménagement de ce secteur. L'aménagement de Loyettes, du nom d'un village situé à proximité, prévoyait l'endiguement complet du confluent entre l'Ain et le canal de dérivation creusé rive droite du fleuve. Suite aux protestations, la compagnie a bien proposé plusieurs variantes moins bétonnées, mais, à l'heure où ces lignes sont écrites, le projet n'est plus à l'ordre du jour.

L'ISERE

L'Isère prend sa source à la frontière avec l'Italie, au pied de l'Iseron à 2660 mètres d'altitude. Longue de 290 kilomètres, torrent au régime glaciaire au début, son régime hydraulique devient nival, puis nivopluvial jusqu'à son confluent avec le Rhône à 119 mètres d'altitude. Dans la plaine du fleuve, elle forme de larges courbes tranquilles.

Mais, son régime nivopluvial est modifié par les nombreux aménagements hydroélectriques de son cours ainsi que celui de ses affluents. Ainsi, la vallée de la Maurienne, célèbre pour ses usines Péchiney, fournit, grâce à l'Arc, affluent de l'Isère, l'énorme quantité d'électricité nécessaire à la fabrication de l'aluminium. Cette vallée a beaucoup donné pour Péchiney qui, aujourd'hui ferme ses usines et jette ses ouvriers au chômage.

Au siècle dernier, l'Isère fut, pour les ingénieurs sardes, un champ d'expérimentation de diverses techniques d'aménagement et de colmatage déjà tentées sur le fleuve Pô. Le mot «colmatage» provient de l'italien «colmare», qui veut dire remplir, combler. On emploie aussi le terme technique d'«atterrissement». Ces aménagements fluviaux permirent de moduler et de diriger les flux d'eau et de matières dans les zones inondables afin de leur apporter un limon qui finissait par constituer des champs fertiles. Selon la technique employée, elle permettait l'irrigation, la fertilisation et le drainage; l'arrosage des prairies sèches en hiver; l'assainissement et le colmatage. Après colmatage ou atterrissement, les délaissés alluviaux étaient mis hors inondation grâce à un endiguement. Ces travaux importants ne furent pas sans effet écologique par la modification du niveau des nappes et du paysage végétal.

Cette rivière a toujours joué un rôle économique important de structuration de l'espace régional. Avant les aménagements hydroélectriques, l'Isère s'étalait dans sa vallée supérieure en une infinité de bras vifs ou morts en créant ainsi d'innombrables îles. La crue envahissait toute la vallée, large de plusieurs kilomètres. En aval de Grenoble, elle s'enfonçait dans des gorges profondes.

Traverser l'Isère était un enjeu économique important et, au milieu du dix-huitième siècle, trente bacs jouaient ce rôle, tout en étant difficiles d'accès. Deux ponts, emportés par une crue en 1651 et reconstruits ensuite, assuraient une traversée confortable à Grenoble et Romans. Ces ponts avaient tant d'importance que Romans fit figurer la porte de son pont sur son blason. Cette construction canalisait une partie du trafic de la vallée du Rhône en périodes de crues du fleuve, de basses eaux et de guerres, bref, lorsque les voyages y étaient impraticables. Grenoble, qui se faisait appeler ville du Pont, contrôlait une entrée des Alpes et du Piémont.

Sur le plan économique, la navigation sur l'Isère (très difficile...) joua un rôle de premier plan jusqu'à la fin du dix-huitième siècle. Elle se pratiquait la moitié de l'année, de la frontière savoyarde au Rhône, très difficilement à cause de l'irrégularité de la pente, des variations continuelles de niveau, des obstacles de tous ordres. La remonte voyait souvent le chemin de halage coupé par des affluents, il fallait donc changer de rive. Il était parfois impossible de retrouver le chenal dans les tresses de la rivière. La décize demandait neuf à dix heures de Grenoble à Valence, alors qu'il fallait deux jours par la route, et la remonte dix à douze jours. De nombreux ports balisaient le cours de la rivière. Les bateaux transportaient des ardoises de Tarentaise et de Maurienne, des briques, des tuiles, de la chaux, du plâtre et du bois; des aliments également: noix, blé, vin et fromages. Les évêques de Grenoble possédaient leur propre flotte depuis le quinzième siècle pour s'approvisionner en vin de Savoie. Le transport par voie d'eau assurait les débouchés méridionaux à la métallurgie dauphinoise.

Une expérience de navigation à vapeur fut tentée. En octobre 1838, le bateau à vapeur «Le Commerce» remonta l'Isère de Valence à Grenoble. Mais le bateau dut se faire haler à plusieurs reprises.

C'est la route d'abord, le chemin de fer ensuite qui eurent raison de la navigation sur l'Isère. L'invention des ponts suspendus par Seguin favorisa la route. Un de ces premiers ponts a été réalisé en 1826 à Fontaine-sur-le-Drac. La mise en service des voies de chemin de fer reliant Grenoble à la vallée du Rhône et Lyon mit fin à cette navigation.

Même le flottage de bois disparut en 1880.

Plus tard, c'est l'hydroélectricité qui donnera à la rivière Isère une nouvelle fonction économique. L'Isère est aujourd'hui coupée en tronçons par quatre barrages: Balme de Rencurel, Beauvoir, Saint-Hilaire et Pizançon; sans compter les quatre autres de l'affluent le Drac. La rivière est célèbre puisque c'est elle qui produisit la première de l'hydroélectricité, en 1869, grâce à l'ingéniosité d'Aristide Bergès.

LA DRÔME

Elle prend sa source à la Bâtie-des-Fonds à 1023 mètres d'altitude. Elle retrouve le Rhône à l'altitude de 86 mètres entre Valence et Montélimar, après une course de 108 kilomètres.

C'est déjà une rivière méditerranéenne, sèche en été, violente en automne et au printemps. Le mot grec dromos serait à l'origine de son nom. Il signifie: la course.

A quelques kilomètres en aval du village de Valdrôme, le pic de Luc s'ébuula en 1440 lors d'un tremblement de terre. Ce qui créa un lac, appelé le grand Lac qui se combla des sédiments apportés par la rivière. Aujourd'hui, la Drôme traverse une plaine cultivée et, après avoir passé un petit tunnel, saute dans le vide. C'est le «saut de Drôme».

Au Pied du Vercors, neuf kilomètres de vallée ont échappé à l'endiguement général du dix-neuvième siècle. C'est la réserve naturelle des Ramières du val de Drôme où 550 espèces végétales ont été recensées. La Drôme reste une des dernières rivières indemnes de barrages et d'aménagements modernes. Elle fait déjà l'objet d'un contrat de rivière et aujourd'hui, elle s'inscrit dans un S.A.G.E. (Schéma d'aménagement et de gestion des eaux).

L'ARDECHE

Avec ses 120 kilomètres de long, elle est le plus grand affluent du Bas-Rhône. Les autres ne sont que des torrents dévalant des combes escarpées (sauf le Gard et les Gardons). Elle prend sa source dans le Vivarais à 1467 mètres d'altitude; de l'autre côté de la montagne, pas très loin, la Loire et l'Allier font de même. Elle rencontre le Rhône à proximité de Pont-Saint-Esprit. C'est un torrent dans son cours supérieur jusqu'à Vallon-Pont-D'Arc où commencent les fabuleuses gorges de l'Ardèche creusées par la rivière, entre les plateaux calcaires des Gras au nord et d'Orgnac au sud. Comme le dit Michel Grandin, «l'Ardèche, c'est le paradis et l'enfer, la douceur et la fureur à l'état brut.» Ses crues sont apocalyptiques! En 1827, 1890 et 1924, son débit monta à 7800 mètres cube par seconde et son niveau, dans les gorges, à 21,4 mètres de hauteur! En 1877, par un de ses fameux «coups», l'Ardèche a pulvérisé la digue du Rhône construite sur la rive opposée à son confluent!

Le Pont-D'Arc est une magnifique sculpture taillée dans le calcaire par la rivière. C'est une arche haute de trente-deux mètres, due au recoupement d'un méandre. C'est cet arc de triomphe qui ouvre les gorges de l'Ardèche, convoitées par les amateurs de rivière, de torrent, de falaises abruptes à escalader, de vues plongeantes, d'eau claire et d'espèces naturelles diverses. Ce site fabuleux est devenu, en 1980, «Réserve naturelle». 180 000 canoës descendent la rivière dans l'année. Cet afflux pose des problèmes. De sécurité d'abord, car, on l'a vu, les crues de l'Ardèche sont violentes et soudaines. De préservation du site ensuite. Enfin, une telle attraction ne peut que susciter les appétits locaux. Voilà donc encore un exemple concret de conflits d'usage d'une rivière...

La réserve naturelle des Gorges de l'Ardèche couvre une surface de 1570 hectares. Ce site grandiose de réputation internationale comprend trente kilomètres de canyon sauvage où les falaises abruptes donnent le vertige. Le régime de la rivière, sécheresse en été et pluies abondantes en hiver, en fait la limite du climat méditerranéen. Chêne vert et garrigue de Thym et Lavande caractérisent le paysage. La faune et la flore sont très riches: Aigles de Bonnelli, ainsi qu'un couple de Vautours Percnoptère vivent dans ce site de parois calcaires. Le Castor s'y est installé en compagnie de la Genette, du Lézard ocellé, de la Couleuvre de Montpellier et du Scorpion languedocien. Ce site calcaire abrite des grottes d'où s'échappent de nombreuses espèces de chauves-souris.

LA DURANCE

Après la Saône, c'est le plus long affluent du Rhône: 305 kilomètres. La Durance naît près du Montgenèvre. Son affluent principal est le Verdon. à Mallemort, une partie de son cours est déviée par un canal qui amène l'eau à l'étang de Berre pour produire de l'électricité à Saint-Chamas, ce qui ne manque pas de poser de graves problèmes d'équilibre écologique à cet étang d'eau salée à qui cette eau douce ne convient pas vraiment.

La Durance se jette dans le Rhône en aval immédiat d'Avignon, formant ainsi avec le fleuve une presqu'île appelée la Courtine sur laquelle s'est développée une zone industrielle.

Dans des temps reculés, la Durance charria une énorme quantité de roches et de galets en association avec le Rhône pour former une immensité de cailloux dont le désert de la Crau constitue une partie. L'autre partie forme actuellement le substratum de la Camargue.

Cette rivière à régime torrentiel venant de la montagne est la principale voie d'eau en Provence occidentale. Elle passe de 2300 mètres d'altitude à sa source, à celle de 15 mètres au confluent avec le Rhône. Elle pouvait passer, avant les barrages, d'un débit de quelques dizaines de mètres cube par seconde à 6000 mètres cube par seconde en période de crue. Elle constituait alors, avec le Mistral et le Parlement, les trois fléaux de la Provence... Ces crues faisaient changer son cours chaque année. Au dix-neuvième siècle, la Durance subit de nombreux travaux d'endiguement et de colmatage dans la partie basse de sa vallée, comme sur l'Isère.

Le premier barrage que l'on construisit fut celui de Serre-Ponçon (1959). Avec sa retenue de 1 270 millions de mètres cube de capacité, il permet de régulariser les débits de la rivière. Plusieurs barrages élevés ensuite en aval servent pour l'irrigation et la production électrique. à partir du confluent avec le Verdon, un canal alimente cinq usines hydroélectriques, celles de Jouques, Saint-Estève, Mallemort, Salon et Saint-Chamas (au bord de l'étang de Berre). Grâce à l'informatique, elles sont pilotées automatiquement depuis le poste commun de commande de Sainte-Tulle. Ce poste commande l'ensemble des treize usines Durance-Verdon et peut apporter quasi instantanément au réseau une puissance de 1 900 mégawatts. Tous ces canaux et tuyaux de chute d'eau sont alimentés par le barrage de Cadarache, situé en aval du confluent Durance-Verdon. Cet aménagement comporte un énorme bassin de décantation qui piège les apports solides de la Durance et permet de limiter (limiter seulement) les rejets solides dans l'étang de Berre. Tout ce réseau est complété par d'autres canaux et barrages prévus pour l'irrigation et l'alimentation en eau potable, certains aménagements étant rendus nécessaires pour stabiliser le niveau des nappes phréatiques. Toute la vallée de la Durance, et au-delà, est striée de canaux d'irrigation et de production hydroélectrique. Cette rivière est une vraie mine d'or pour cette région de Provence. Après Serre-Ponçon, son lit naturel est en débit réservé, l'essentiel de l'eau étant utilisé pour la production électrique et l'irrigation.

Cet énorme aménagement a eu un autre effet sur la rivière: la régulation des débits a créé une nappe superficielle stable, car la retenue emmagasine de l'eau au printemps lors de la fonte des neiges et la libère en automne et en hiver pour la production électrique, et en été pour l'irrigation. Les écosystèmes ont donc évolué. Il est apparu une végétation pionnière (Cresson, Véronique aquatique, Menthes), les eaux stagnantes se sont peuplées, les milieux étant restés secs ont vu se développer la végétation qui leur est particulière (Argousier, canne de Ravenne, Onagre...) et, enfin, une véritable ripisylve s'est reconstituée. Enfin, la rivière dans son ensemble, puisqu'elle contient toujours de l'eau, constitue, pour la faune et la flore, une voie de migration entre le monde méditerranéen et le monde alpin. Ainsi, la Globulaire Turbith côtoie les plantes alpines comme la Gypsophile et l'Argousier. La Durance accueille des animaux venant d'Afrique comme la Cigogne, le Guépier, la Huppe et d'Europe du nord comme le Cormoran et de nombreux canards. Grâce aux aménagements, elle est devenue un véritable carrefour biogéographique. La rivière accueille donc une nouvelle avifaune, mais sa nouvelle morphologie laisse disparaître les espèces «steppiques». Ainsi, la Durance abrite les seuls couples continentaux en France de Lusciniole à moustaches, mais l'envahissement des îlots de galets par la végétation fait disparaître la Sterne variable.

LE GARD ET LES GARDONS

C'est un ensemble de 71 kilomètres de long; on lui donne même 133 kilomètres depuis la source du Gardon de Saint-Jean; le Gard, après être passé sous le pont-aqueduc romain du même nom, retrouve le Rhône en rive droite en se jetant dans le tronçon court-circuité de l'aménagement de Vallabrègues, juste en aval du barrage mobile le plus important de France, car le Rhône atteint ici le maximum de sa puissance. C'est le dernier affluent du fleuve. Le magnifique pont-aqueduc romain date du premier siècle. Il est long de 275 mètres et haut de 49 mètres.

Le Gard est formé par les Gardons d'Anduze et d'Alès, ce dernier étant le collecteur de toute une série de Gardons cévenols. Les pluies orageuses de fin d'été, après la sécheresse, produisent des crues foudroyantes. Les Gardons se réunissent en Gard après Vézénobres.

Les eaux des Gardons ont fait l'objet d'un des premiers schémas d'aménagement et de gestion des eaux de France (S.A.G.E.). Ce Sage a pour enjeux principaux la qualité des eaux, la ressource en eau, les crues et leur gestion, la ripisylve et la pollution par les nitrates dans les eaux souterraines.

"... Ce fleuve étrange..."
Jean-Paul Bravard
Le Rhône du lac Léman à Lyon
(1985)

6) Un fleuve qui a de l'avenir

Le Rhône, le fleuve de France le plus chargé d'histoire, a aujourd'hui mauvaise réputation. C'est, en quelque sorte, la rançon de sa gloire. Ce riche passé historique a fait du sillon rhodanien une vallée laborieuse, industrieuse et aménagée. Le fleuve lui-même est un fleuve nouveau, très différent du fleuve du début du siècle. Mais tout cela ne lui a enlevé aucune de ses qualités: puissance et régularité de son débit, fleuve transporteur et producteur d'énergie, fleuve qui sait encore imposer sa nature luxuriante, et, parfois, la jungle y est à deux pas des villes..

Nous l'avons vu, ce fleuve ne fut pas immuable. Il avait déjà beaucoup changé tout au long de sa longue histoire. Il changera encore.

Le fleuve Rhône a beaucoup d'avenir, car il nous fascine toujours grâce à sa puissance et à sa lumière. Comme il a inspiré de fortes et fabuleuses légendes, façonné des hommes aventureux et optimistes, il saura encore, et de nouveau, nous intéresser.

Givors, avril 1996

LEXIQUE DE TERMES RHODANIENS
ET DE LA BATELLERIE

agotiau (un)   écopoir

arpi (un)   longue perche en bois armée en son extrémité d'un embout métallique composé d'une pointe et d'un crochet; sert à manoeuvrer la barque

arbouvier (un) ou "aubourier"; tronçon de mât sur le pont, sur lequel est fixé le câble de traction

bachot (le)   petit vivier aménagé au centre de la barque et qui communique avec le fleuve pour garder le poisson vivant

barque (la)   embarcation de 75 pieds de long; proue brise-vague relevée; gros câble fixé à l'arbouvier

barquette (la)   bateau assurant le transport de voyageurs

barquot (le)   ou barcot; barque

bronquer   heurter la pile d'un pont

brick (le)   ou bricq; ancrage de sécurité; morceau de bois muni d'un pic à trois dents fixé au bateau sur lequel il coulissait et qu'on enfonçait au fond pour amarrer

bricker   enfoncer le brick; fait, pour un jouteur, de tomber à l'eau

brotteau (le)   broussailles près d'un cours d'eau; îles et bancs de graviers sur lesquels paissent le bétail

ça câble qui tirait le convoi; ça devant, ça du milieu et ça d'arrière

cadolle (la)   "cabine" des bateaux, faite le plus souvent d'une tente sur le lit du marinier

calome (la)   lien entre deux bateaux du convoi

carré (le)   engin de pêche: un cadre carré tend un filet à petite maille

ceyselande (la) bateau fabriqué à Seyssel (appelé parfois ciselande...);

chenard (le)   petit bateau assurant l'équilibre de la roue à aubes du moulin fluvial

---

civardière (la) deuxième barque de l'équipage, qui transportait les chevaux à la décize

coche d'eau (le) bateau de transport de voyageurs

couble (le)   terme de marinier désignant un quadrige de chevaux: monture, seguin, faraman de monture et de seguin; la couble désigne également un grand filet de pêche

couchée (la)   lieu de stationnement du bateau pour la nuit

culasser   faire traverser le fleuve aux chevaux sur deux barques quand le chemin de halage changeait de rive

culs de piaux (les) charretiers ou mariniers de terre chargés de la conduite des coubles

décalomer   séparer les bateaux du convoi pour les faire passer un à un

décize (la)   descente du fleuve en bateau

empi   désigne la rive gauche du Rhône à cause de l'empire germanique

empeinte (un) ou "emprunte"; rame d'arrière servant de gouvernail

faraman (le)   faraman de monture et de seguin; cheval de droite du couble

fifre (le)   terme populaire pour désigner la lamproie

filer   laisser filer la maille; les chevaux l'emmènent en traversant le fleuve

gapian (le)   agent de la régie de l'administration

gaffer   quand les chevaux tirent en marchant dans l'eau

Gladiateur (le) bateau de transport voyageur de la Compagnie Générale de Navigation; a navigué de 1889 à 1905

lanard (le)   bateau principal qui soutient le moulin fluvial

lône (la)   bras du fleuve relativement isolé du lit mineur

maille (la)   corde de halage du convoi

meuille (la)   tourbillon violent du fleuve

monture (la)   cheval de gauche du couble; il portait le charretier

mouille (la)   grande profondeur d'une partie du chenal

navis oneraria   péniche marchande large et à fond plat de la navigation gallo-romaine

navis utricularia au temps de la navigation gallo-romaine, bateau spécial des utriculaires, qui, comme son nom l'indique, était porté par des outres comme la plante du même nom

paillasse (la)   tourbillon d'une anse concave

pan (le)   mesure de profondeur de l'eau
peigne (le)   nom populaire de la brême

penelle (la)   bateau typiquement rhodanien relevé aux deux bouts; au moins dix mètres de long

picon (le)   rame très épaisse placée à l'avant

pique (la)   terme de joutes nautiques; moment où les lances touchent le plastron

plastron (le)   ou le targé; bouclier de bois pendu sur la poitrine du jouteur; composé de neuf alvéoles

plate (la)   barge plate, souvent couverte, sur laquelle les femmes se tenaient pour laver le linge

prouvier (le)   adjoint du patron du convoi; se tenait en proue

quiome (la)   barque qui transporte le sel

radeau (le)   ensemble de troncs de bois assemblés avec des liens de noisetiers ou de châtaigniers et des crampons de fer; uniquement en décize

radeleur (le)   radelier

radelier (le)   pilote les radeaux à l'aide de grands gouvernails en tronc à l'avant et à l'arrière; voir aussi radeleur

raquet (le)   gouvernail

ratamare (la)   bateau fabriqué à Artemare

récati (le)   terme méridional; partie supérieure de la maison où s'organise la vie en temps de crue

redorte (la)   crampons de fer assemblant les troncs du radeau

remonte (la)   quand le bateau remontait le courant grâce au halage

riaume   désigne la rive droite du Rhône à cause du royaume de France

rigolon (le)   le bon chenal

rigue (la)   bateau aux deux extrémités relevées

ripisylve (la)   forêt riveraine du fleuve

rize (la)   au bord du fleuve, courant qui remonte vers l'amont

roder   faire roder les chevaux; les envoyer loin traverser le fleuve, la maille traverse sur une barque

rousse (la)   nom populaire du gardon et du rotengle

scapha   navigation gauloise; nacelle ordinaire

sapine (la)   bateau fabriqué en bois de sapin; appelée aussi savoyarde

savoyarde (la) voir sapine

seguin (le)   deuxième cheval du couble

seysselande (la) bateau fabriqué à Seyssel (environ 25 mètres de long, 4,5 de large, 1,5 mètres de tirant d'eau); voir également ceyselande

Splendidissimum Corpus prestigieuse corporation de batellerie gallo-romaine; nautes de la Saône et du Rhône réunis

tabagnon (le)   plateforme située à l'arrière de la barque et sur laquelle se tient le jouteur

toueur (le)   bateau se remorquant lui-même, dont la roue s'engrenait sur un câble (ou une chaîne) fixé sur la berge ce qui lui permettait de remonter le courant

traite (la)   les chevaux s'éloignent du rivage afin que la maille reste dans l'axe du chenal pour y maintenir les bateaux

tramaille (le) ou trémaille; filet à trois côtés qu'on lance à la main en retenant les trois cordes (les mailles) qui permettront de le ramener

vire-vire (le) ou "vira-blanchard"; filet de pêche tendu dans un cadre qui lui permet de pivoter en faisant un tour sur lui-même

vorgine (la) végétation du lit majeur constituée de pousses de saule et de peuplier

BIBLIOGRAPHIE

Maurice Champion - *Les inondations du Rhône et de la loire* - Le Moniteur universel, 1856

Charles Lenthéric - *Le Rhône, histoire d'un fleuve* - Plon, 1892

A.Mazel - *Les Saintes-Maries-de-la-Mer et la Camargue* - 1935

Ignace Mariétan - *La lutte contre l'eau en Valais* - Griffon, 1953

Alexandre Arnoux - *Rhône, mon fleuve* - Grasset, 1944

Gilbert Tournier - *Rhône, Dieu conquis* - Plon, 1952

Frédéric Mistral - *Le Poème du Rhône* - Marcel Petit, 1979

Jean-Paul Bravard - *Le Rhône du Léman à Lyon* - La Manufacture, 1987

Claude Bonnard - *Recherche sur les mariniers du Rhône...*- Visages de notre Pilat, 1989

Agence de l'eau - *Eaux de Rhône-Méditerranée-Corse* - 1991

Bernard Escudié et Jean-Marc Combe - *Vapeurs sur le Rhône* - CNRS et PUL, 1991

Alain Pelosato - *Au fil du Rhône, histoires d'écologie* - Messidor, 1992

Michel Grandin - *Rivières de France* - François Bourin, 1993

Alain Pelosato - *Vorgines, fées et témoins du fleuve* - Naturellement, 1993

Jean Pelletier - *Ponts de Lyon* - Horvath,

Louis Vignon - *Annales d'un village de France Charly, Vernaison...* - 1978 à 1993

Louis Renard - *La Tarasque* - Equinoxe, 1993

Jean-Jacques Gabut - *Lyon magique et sacré* - De Borée, 1993

Guy Dürrenmat - *La mémoire du Rhône* - La Mirandole,1993

Alain Pelosato - *Le Rhône, fleuve lumière* - Ouest-France, 1994

J.B.F. Porte - *Recherches historiques sur les fêtes de la Tarasque* - Lacour, 1994

Communications, rapports officiels, Thèses.

MNLE - *Livre blanc de la polution du Rhône* - Associations de la vallée du Rhône, 1982

Colloque - *Histoire et devenir des joutes nautiques* - Givors, 1991, communication d' André Vincent.

Gérard Mazuir - *Givors et ses ponts* - 1992

Colloque - *Le fleuve et ses métamorphoses* - Lyon, 1992, communications de: Jacques Bethemont, Marie Cariou, René Favier,

Jacky Girel, Christine Lamarre, Henri Morsel, Danielle Poinsart, Georges Ribeil, Jacques Rossiaud, Gilles Salvador.

Colloque - *Aménagement et gestion des grandes rivières méditerranéennes* - Avignon, 1993, communications de: Ibrahim Bao, L. Borel, V. Courtilat, Jacky Girel, Ch. Graille, Georges Olioso, Alain Pignoly, A. Rivière-Honegger.

Centre pour une anthropologie du fleuve, Givors, recueil: *La frontière, unir, diviser* 1993, communications de: Jacques Bethemont, Jean-Michel Duhart et Pierre Guichard.

Témoignages extraits de *"Vorgines"*, 1994: Gérard Bosc, Pierre Lachat, Juliette Costet, Francis Palandre, Antoine Reale et Paul Vallon

Colloque - *Inondations dans le bassin du Rhône* - Avignon, 1994, communications de: Jacques Bethemont, Christian Gimenez.

Revue Géographique de Lyon 1994: Jean-Paul Bravard, Yves Guilioni, Peter C. Klingerman, Pierre Savey.

Mission interninistérielle sur les inondations de la vallée du Rhône en aval de Lyon d'octobre 93 et janvier 1994. Rapport de synthèse - mai 1994.

Thèse "Des perturbations à la restauration des écosystèmes aquatiques...", Christophe P. Henry; université Claude Bernard Lyon-1995.